Hans-Jürgen Kratz

30 Minuten

Führungsaufgabe Kontrolle

© 2015 SAT.1 www.sat1.de Lizenz durch ProSiebenSat.1 Licensing GmbH, www.prosiebensat1licensing.com

Bibliografische Information der Deutschen Nationalbibliothek

Die Deutsche Nationalbibliothek verzeichnet diese Publikation in der Deutschen Nationalbibliografie; detaillierte bibliografische Daten sind im Internet über http://dnb.d-nb.de abrufbar.

Umschlaggestaltung: die imprimatur, Hainburg
Umschlagkonzept: Martin Zech Design, Bremen
Lektorat: Eva Gößwein, Berlin
Satz: Zerosoft, Timisoara (Rumänien)
Druck und Verarbeitung: Salzland Druck, Staßfurt

© 2015 GABAL Verlag GmbH, Offenbach

Alle Rechte vorbehalten. Nachdruck, auch auszugsweise, nur mit schriftlicher Genehmigung des Verlags.

Hinweis:
Das Buch ist sorgfältig erarbeitet worden. Dennoch erfolgen alle Angaben ohne Gewähr. Weder Autor noch Verlag können für eventuelle Nachteile oder Schäden, die aus den im Buch gemachten Hinweisen resultieren, eine Haftung übernehmen.

Printed in Germany

ISBN 978-3-86936-645-6

In 30 Minuten wissen Sie mehr!

Dieses Buch ist so konzipiert, dass Sie in kurzer Zeit prägnante und fundierte Informationen aufnehmen können. Mithilfe eines Leitsystems werden Sie durch das Buch geführt. Es erlaubt Ihnen, innerhalb Ihres persönlichen Zeitkontingents (von 10 bis 30 Minuten) das Wesentliche zu erfassen.

Kurze Lesezeit
In 30 Minuten können Sie das ganze Buch lesen. Wenn Sie weniger Zeit haben, lesen Sie gezielt nur die Stellen, die für Sie wichtige Informationen beinhalten.

- Alle wichtigen Informationen sind blau gedruckt.

- Schlüsselfragen mit Seitenverweisen zu Beginn eines jeden Kapitels erlauben eine schnelle Orientierung: Sie blättern direkt auf die Seite, die Ihre Wissenslücke schließt.

- *Zahlreiche Zusammenfassungen innerhalb der Kapitel erlauben das schnelle Querlesen.*

- Ein Fast Reader am Ende des Buches fasst alle wichtigen Aspekte zusammen.

- Ein Register erleichtert das Nachschlagen.

Inhalt

Vorwort	**6**
1. Kontrolle als unverzichtbare Führungsaufgabe	**9**
Kontrolle und Vertrauen	10
Argumente für Kontrollen	12
Akzeptanz von Kontrollen	18
Zuständigkeit und Häufigkeit	22
2. Ziele als Maßstab für Kontrollen	**29**
Festlegen von Zielen	30
Ziele SMART formulieren	34
Begrenzte Haltbarkeit von Zielen	38
3. Die richtige Kontrollart finden	**43**
Kontrollarten für Ausnahmefälle	44
Empfehlenswerte Kontrollarten	47
Indirekte Kontrolle	54
4. Kontrollergebnisse nutzen	**57**
Analyse von Zielabweichungen	58
Das oft unterlassene Führungsmittel Anerkennung	62
Das systematische Kritikgespräch	68

10 Fallbeispiele 73

Fast Reader 88

Der Autor 94

Weiterführende Literatur 95

Register 96

Vorwort

Hören sie den Begriff „Kontrolle", sträuben sich bei vielen Berufstätigen die Nackenhaare. Sie verknüpfen mit diesem Begriff negative Assoziationen. Aus leidgeprüfter Erfahrung verstehen sie unter Kontrolle ein Herrschaftsinstrument von Vorgesetzten, das das eigene Selbstwertgefühl unangenehm berührt. Vermutlich hat diese Ablehnung ihren Ursprung in erlebten Kontrollen, die falsch oder zumindest ungeschickt durchgeführt wurden, was zu Leistungszurückhaltung und einer Verschlechterung des Arbeitsklimas führte. Kommt ein Vorgesetzter seiner Kontrollverpflichtung mit einer gehörigen Portion Pedanterie und Schikane nach, wird auch ein nicht zur Überempfindlichkeit neigender Mitarbeiter Missbehagen empfinden und Kontrollen fortan als Machtdemonstration und eklatanten Misstrauensbeweis interpretieren.

Auch manchem Vorgesetzten sind Kontrollen nicht ganz geheuer, weil auch er sie mit negativen Erfahrungen assoziiert und um den guten zwischenmenschlichen Kontakt zu seinen Mitarbeitern fürchtet.

Als Folge haben einige Führungskräfte den kontaminierten Begriff „Kontrolle" aus ihrem Wortschatz verbannt und durch Umschreibungen ersetzt wie beispielsweise:
- „Lassen Sie uns einmal checken …"
- „Von Ihnen brauche ich einen Zustandsbericht/ein Feedback …"
- „Reporten Sie bitte bis …"

Auch Begriffe wie „Inspektion", „Soll-Ist-Vergleich", „Dienstaufsicht", „Arbeitsbesprechung" oder „Qualitätsprüfung" sind an der Tagesordnung.

Bedauerlicherweise wird Kontrolle eher selten als das empfunden, was es sein könnte und sollte: ein Fehlerbeseitigungs- und Verbesserungsinstrument. Mitarbeiter gewinnen erfahrungsgemäß erst dann eine positive Einstellung zur Kontrolle, wenn sie das Kontrollverhalten ihres Vorgesetzten als sinnvoll, hilfreich und notwendig schätzen lernen konnten.

Dieses Buch enthält Handreichungen für Führungskräfte, damit sie Kontrollen künftig zielgerichtet einsetzen können, um leistungs- und erfolgshemmende Faktoren zu beseitigen und zu einer Verbesserung der gegenwärtigen Situation und zur Weiterentwicklung beizutragen. In diesem Ratgeber finden Sie viele Denkanstöße und Handlungsempfehlungen, die nur darauf warten, von Ihnen in die Praxis umgesetzt zu werden.

Zugunsten einer besseren Lesbarkeit habe ich mich beim Schreiben auf die gebräuchlichere männliche Form beschränkt und auf Doppelbezeichnungen (z. B. der Vorgesetzte/die Vorgesetzte) verzichtet. Selbstverständlich sind die Leserinnen damit gleichermaßen angesprochen.

Einen großen Erkenntnisgewinn durch die Lektüre dieses Ratgebers wünscht Ihnen

Hans-Jürgen Kratz

30 MINUTEN

Schließen sich Kontrolle und Vertrauen aus?

Seite 10

Weshalb sind Kontrollen notwendig?

Seite 12

Wodurch kann die Akzeptanz von Kontrollen erhöht werden?

Seite 18

1. Kontrolle als unverzichtbare Führungsaufgabe

Woran liegt es, dass manche – insbesondere erstmalig in Führungsverantwortung stehende – Vorgesetzte der Führungsaufgabe Kontrolle eher zurückhaltend nachkommen? Bereitet es ihnen Schwierigkeiten, ihren Führungswillen mittels Kontrolle zu dokumentieren? Ist es ihnen unangenehm, zu kontrollieren, weil sie sich noch gut daran erinnern, wie sie selbst unter dem unzulänglichen Kontrollverhalten von Vorgesetzten gelitten haben? Fehlt ihnen der Mut, Mitarbeitern „über die Schulter zu schauen", um ihnen anschließend wenig Erfreuliches zu sagen? Sehen sie Kontrollen als Störfaktoren an, weil sie die konfliktfreie Zusammenarbeit mit ihren Mitarbeitern nicht aufs Spiel setzen möchten? Glauben sie, dass die Vertrauensbasis zwischen ihnen und den Mitarbeitern durch Kontrollen negativ berührt wird? Im Folgenden sollen einige dieser Vorbehalte gegen Kontrolle genauer beleuchtet und auch entkräftet werden. Denn (richtig ausgeführte) Kontrolle ist eine unverzichtbare Führungsaufgabe.

1.1 Kontrolle und Vertrauen

Alltäglich begegnen uns Vorgesetzte, die ihre Mitarbeiter intensiv überwachen und dies mit dem Lenin zugeschriebenen Ausspruch „Vertrauen ist gut, Kontrolle ist besser" begründen oder die der Allerweltsweisheit „Das Auge des Herrn macht die Kühe fett" folgend ihre Mitarbeiter einer intensiven Überwachung unterziehen. Vor allem das Lenin'sche Zitat haben wir schon oft gehört. Manch forsche Führungskraft gibt diesen markigen Satz im Brustton der Überzeugung von sich und unterstreicht damit, was sie von ihren Mitarbeitern hält: herzlich wenig!

Die Gefahr der inneren Kündigung
Hat die Kontrolle gegenüber dem Vertrauen Vorrang, boykottieren Mitarbeiter ein solches System. Mit erstaunlichem Erfindungsreichtum werden neue Wege gesucht, um Kontrollen wirksam zu umgehen. Letztlich tun die Mitarbeiter zwar das, was man ihnen sagt, aber auch keinen Handschlag mehr. Mit anderen Worten: Ihre Leistung liegt dort, wo sie gerade noch akzeptiert wird.

Diese Leistungszurückhaltung wird teils drastisch, teils seriös umschrieben als innere Kündigung, resignative Zufriedenheit, innere Emigration, bewusster Verzicht auf Engagement und Eigeninitiative oder als Robinson-Methode („Montag Arbeitsposition einnehmen und auf Freitag warten"). Man handelt nach der Maxime: „Arbeit ist die Würze des Lebens – darf also nur mäßig genossen werden!" Insider schätzen, dass fast jeder zweite Mitarbeiter zu den „mäßigen Genießern dieser Würze" zählt und sich nach vollzogener innerer Kündigung (also dem Beschluss, den Arbeitgeber nicht zu verlassen und eine „freizeitorientierte Schonhaltung" einzunehmen) von seiner Arbeit und den Zielen des Betriebes verabschiedet hat.

Vertrauen mit Kontrolle verbinden
Identifiziert sich ein Vorgesetzter hingegen mit einem Ausspruch des Freiherrn vom und zum Stein: „Vertrauen veredelt den Menschen", wird eine Führung mittels Zwang und Kontrolle von einem Führen durch Motivation ersetzt. Es ist als sichere Erkenntnis zu werten, dass diese Grundeinstellung durch einen erhöhten Motivationsstand eine größere Produktivität mit besseren Resultaten bewirkt.

Nach diesen Überlegungen sollte das Lenin-Zitat besser abgewandelt werden: „So viel Vertrauen wie möglich – so viel Kontrolle wie nötig!" Denn selbst wenn der Vorgesetzte seinen Mitarbeitern einen großen Vertrauensvorschuss entgegenbringt, sollte er ein blindes Vertrauen vermeiden und es durch ein „Vertrauen mit wachsamem Auge" ersetzen.

Karl Jaspers erkannte: „Jedes böse Erwachen setzt einen tiefen Schlaf voraus." Bei einem blinden Vertrauen wären Enttäuschungen unausbleiblich, denn kein Mensch, nicht einmal ein sehr vertrauenswürdiger Mitarbeiter, arbeitet auf Dauer fehlerfrei. Vielleicht hat der Mitarbeiter wichtige Informationen nicht erhalten oder sie sehr subjektiv interpretiert – und schon würde bei fehlender Kontrolle unbeabsichtigt fehlerhaft gearbeitet. Halten wir also fest: Vertrauen schließt Kontrollen keinesfalls aus!

Ohne Vertrauen aufseiten des Vorgesetzten kommt es schnell zu einer destruktiven Misstrauensspirale. Will der Vorgesetzte das Maximum mit und von seinen Mitarbeitern, muss er sie spüren lassen, dass er ihnen vertraut, ohne dabei jedoch seine Kontrollfunktion zu vernachlässigen.

1.2 Argumente für Kontrollen

Trotz des Vertrauens, das Vorgesetzte in ihre Mitarbeiter setzen sollten, sind Kontrollen erforderlich. Denn es gibt eine Fülle von Gesichtspunkten, die für Kontrollen sprechen.

Eigenen Verantwortungsbereich überblicken

Der Vorgesetzte weiß mittels ausgeübter Kontrollen über die Situation in seinem Bereich Bescheid. Vorrangig wird er durch Kontrollen versuchen, die Risikofaktoren bei der Aufgabenbewältigung in den Griff zu bekommen.

Zielerreichung prüfen
Die Erfüllung der vom Vorgesetzten und vom Mitarbeiter gemeinsam vereinbarten Ziele wird überprüft: Termine, Normen, Qualität, Quantität, Wirtschaftlichkeit und Arbeitssicherheit werden dadurch sichergestellt.

Schutz vor Unfällen
Wird die Einhaltung von Unfallverhütungsvorschriften überprüft, ist es Ziel der Kontrolle, Mitarbeiter vor Unfällen und Krankheiten zu bewahren.

Steigerung der Motivation
Kontrollen bestätigen den Mitarbeiter in seinem richtigen Verhalten und führen zur Anerkennung guter Leistungen, sodass von Kontrollen eine motivierende Wirkung ausgehen kann.

Fehler vermeiden
Kontrollen helfen dem Mitarbeiter, leistungshindernde Faktoren zu erkennen, sodass eine Verbesserung und Weiterentwicklung möglich wird. Festgestellte Fehler werden durch sachliche Kritik behoben und künftig vermieden. (Merke: Nur Faule und Dummköpfe machen keine Fehler. Denn der Faule tut nichts, der Dumme erkennt seine Fehler nicht und sieht sie demzufolge auch nicht ein.)

Befolgung von Anweisungen überwachen
Jeder Mitarbeiter ist in die Arbeitsorganisation des Ar-

beitgebers eingegliedert und unterliegt den Weisungen des Arbeitgebers über Inhalt, Durchführung, Zeit, Dauer und Ort seiner Tätigkeit. Der Vorgesetzte nimmt das Weisungsrecht und die Direktionsbefugnisse im Auftrag des Arbeitgebers wahr. Und hier gilt eine alte Regel: Wer ein Weisungsrecht hat, dem erwächst auch die Pflicht, das Befolgen seiner Weisungen zu kontrollieren. Würden aus einer Nichtbeachtung keine Folgerungen gezogen, würden Vorschriften und Anweisungen bald nicht mehr ernst genommen, Aufträge an Gewicht verlieren und die Arbeitsdisziplin leiden.

Erzieherische Wirkung
Kontrollen wirken auf manche Mitarbeiter erzieherisch und spornen an. Sie können die Entwicklung des Mitarbeiters positiv beeinflussen. Entwicklung ist nur möglich, wenn dem Mitarbeiter transparent wird, ob sein Verhalten zum Erfolg führt oder nicht.

Mitarbeitern ihre Bedeutung vor Augen führen
Fehlen Kontrollen, kann beim Mitarbeiter der Eindruck entstehen, seine Arbeit und damit auch er selbst sei für das betriebliche Geschehen unwichtig.

Vieraugenprinzip
Vier Augen sehen mehr als zwei. Bei Kontrollen können Fehler zutage treten, die der Mitarbeiter selbst nicht erkennt. Zweifellos verfügen zwei Menschen gemeinsam über eine größere Erfahrung und vermögen eher

Fehler zu entdecken als eine Person allein. Insofern kann Kontrolle auch als Ausgangspunkt eines Lernprozesses – sicherlich auch beim Vorgesetzten – aufgefasst werden.

Die Karriere der Mitarbeiter fördern
Leistungsstarke Mitarbeiter stehen der Kontrolle positiv gegenüber, da hierdurch ihre Anstrengungen erkannt werden und sich die Chance vergrößert, beruflich vorwärtszukommen.

Mitarbeitern bei der Selbsteinschätzung helfen
Der Mitarbeiter hat ein Recht, zu erfahren, wie seine Leistungen und sein Arbeitsverhalten beurteilt werden. Die Gefahr der Diskrepanz zwischen Selbsteinschätzung und Fremdeinschätzung vermindert sich.

Eigene Fehler aufdecken
Werden bei Kontrollen Fehler erkannt, wird der Vorgesetzte auch prüfen, ob nicht auch er den Fehler mitverursacht hat, indem er eine verschieden interpretierbare Anweisung gegeben oder erforderliche Informationen für sich behalten hat.

Beurteilungen erleichtern
Kommt der Vorgesetzte permanent seiner Führungsaufgabe Kontrolle in dem erforderlichen Umfang nach und setzt er anschließend die Führungsmittel Anerkennung und Kritik zielgerichtet ein, läuft in der tägli-

chen Zusammenarbeit eine regelmäßige Beurteilung ab. So verliert die turnusmäßige Beurteilung von Mitarbeitern den Charakter eines Schreckgespenstes. Zum Beurteilungstermin wird lediglich das Resümee aus Feststellungen gezogen, die dem Mitarbeiter nach den ihm mitgeteilten Kontrollergebnissen bereits bekannt sind.

Leistungsniveau besser einschätzen
Um Mitarbeiter optimal einsetzen zu können, sollte deren Leistungsniveau – Motivation x (Fähigkeiten + Fertigkeiten) – zutreffend eingeschätzt werden. Durch Kontrollen entsteht ein klares Bild und es wird deutlich, in welchen Bereichen durch Training, Schulung oder motivierende Maßnahmen Aufbauarbeit nötig ist.

Plötzlichem Leistungsabfall gegensteuern
Werden Kontrollen ausgeübt, lässt sich schnell ein plötzlicher Leistungsabfall eines Mitarbeiters erkennen. Im Rahmen eines vertrauensvollen Mitarbeitergesprächs bemüht sich die Führungskraft, den Grund für eine nachlassende Arbeitsleistung (z. B. Konflikte am Arbeitsplatz bis hin zu Mobbing, gesundheitliche/familiäre Probleme) zu erkennen, um anschließend mit geeigneten Mitteln gegenzusteuern (z. B. sich um eine „sozialverträgliche" Konfliktlösung bemühen, massiv gegen Mobber vorgehen, die Umsetzung eines gesundheitlich angeschlagenen Mitarbeiters vornehmen).

Leistungsabbau verhindern
Würde das menschliche Handeln von keinerlei Kontrollen begleitet, käme es auf Dauer zu einem mehr oder minder ausgeprägten unbeabsichtigten Leistungsabbau.

Leistungssteigerung bewirken
Kontrollen greifen nicht nur berichtigend ein, sondern tragen auch dazu bei, Leistungen zu verbessern und zu steigern. Aktive Hilfestellung setzt Aktionen in Gang, sobald aus den Kontrollergebnissen neue Möglichkeiten ersichtlich werden.

Betriebsblindheit abbauen
Mit dem Phänomen der Betriebsblindheit müssen wir stets rechnen, wenn wir uns für längere Zeit in eingefahrenen Gleisen bewegen. Häufig ist der Blick für das Mögliche und Machbare im eigenen Tätigkeitsbereich getrübt, und oft übersehen wir in unserer täglichen Arbeit Missstände oder Verbesserungsmöglichkeiten. Der Kontrollierende hingegen kann uns durch entsprechende Hinweise bessere und zweckmäßigere Handlungsweisen aufzeigen.

> Wegen vorstehender Zielsetzungen gehört die Kontrolle zu den unverzichtbaren und nicht delegierbaren Führungsaufgaben jedes Vorgesetzten, unabhängig davon, auf welcher hierarchischen Ebene eines Unternehmens er Verantwortung trägt.

Durch sachgerechte Kontrollen lassen sich Fehler und falsche Verhaltensweisen reduzieren. Will ein Unternehmen auf Dauer erfolgreich sein, muss es ständig besser werden. Bei diesem Prozess ist eine wirkungsvolle Kontrolle der Mitarbeiter bei einer kooperativen Grundeinstellung unerlässlich.

1.3 Akzeptanz von Kontrollen

Fehlerhafte Kontrollen werden von Mitarbeitern als Relikte aus autoritärer Vorzeit abgelehnt und als eklatante Zeichen von Misstrauen interpretiert. Im Extremfall nehmen sie die ausgeübte Kontrolle als eine Machtdemonstration und eine schikanöse Maßnahme des Vorgesetzten wahr, der nach Antworten auf Fragen sucht wie:
- „Was ist wieder einmal schiefgelaufen?"
- „Wen kann ich heute wegen eines erkannten Fehlers zur Brust nehmen?"
- „Wer ist an dem Ärgernis schuld?"

Es scheint ihm dabei darum zu gehen, dem Schuldigen „etwas anzuhängen" oder ihn „in die Pfanne zu hauen". Nicht nur Karikaturisten drängt sich hier das Bild eines Vorgesetzten auf, der bei Entdeckung eines Fehlers lächelt, weil er sich darauf freut, sich nun den „Schuldigen" vorknöpfen zu können.

Mitarbeitern Kontrollen erklären

Angesichts solcher abschreckenden Vorstellungen haben Vorgesetzte Skrupel, der Führungsaufgabe Kontrolle nachzukommen. Doch stattdessen sollten sie besser ihren Mitarbeitern erklären, dass sie es nicht darauf anlegen, Fehler nachzuweisen, sondern dass es ihnen darum geht, zu erkennen, ob der eingeschlagene Weg erfolgreich ist oder verbessert werden kann. So könnte beispielsweise ein neuer Vorgesetzter seinen Mitarbeitern in seiner Antrittsrede folgende Hinweise geben:

„Auch wenn Sie das Wort Kontrolle mit negativen Erlebnissen verbinden, gehört es zu meinen Führungsaufgaben, Kontrolle auszuüben. Ich betrachte diese Führungsaufgabe nicht als Fehlerfindungsinstrument, dem häufig eine Strafexpedition folgen muss. Vielmehr sehe ich in ihr einen völlig normalen Vergleich zwischen den angestrebten Zielen und dem Erreichten (Soll-Ist-Vergleich). Selbst exzellente Wirtschaftsbosse unterliegen der Kontrolle durch den Aufsichtsrat. Durch eine sachgerechte Kontrolle lassen sich Fehler und falsche Verhaltensweisen reduzieren. Mit den Ergebnisverbesserungen wird die Funktions- und Wettbewerbsfähigkeit unseres Unternehmens gesteigert und damit der Erhalt unserer Arbeitsplätze gesichert. Damit komme ich einer sachlich notwendigen Verpflichtung nach, die zumeist das Ergebnis haben wird, Sie in Ihrem richtigen Tun zu bestätigen. Denn das ist doch der Regelfall: Sie kommen nicht in den Betrieb, um fehlerhaft zu arbeiten, sondern Sie erzielen gute Leistungsergebnisse."

Ergebnisverbesserung durch Kontrolle

Mit der Kontrolle wird die Übereinstimmung des vereinbarten Ziels als Soll-Wert mit den erreichten Arbeits-/Leistungsergebnissen untersucht (Soll-Ist-Vergleich). Somit richtet sich Kontrolle nicht gegen den Mitarbeiter, sondern ist zunächst eine sachbezogene Aufgabe. Keiner der Mitarbeiter soll künftig den Eindruck gewinnen, die Führungskraft würde praktisch nur ihn kontrollieren und ihm ständig „auf die Finger schauen".

Immer wieder muss herausgestellt werden, dass der wesentliche Zweck von Kontrollen stets die Ergebnisverbesserung ist! Vorgesetzte sollten deshalb signalisieren, dass Hilfe und Verbesserung – also die konstruktive Komponente – vorrangiges Ziel ihrer Kontrollen ist. Glauben ihre Mitarbeiter dagegen, dass es ihnen nur um die Jagd nach Fehlern zum Beweis des Unvermögens von Mitarbeitern geht, verstärkt dies die Widerstände gegen Kontrollen. Je weniger Kontrollen als Machtdemonstration oder als reine Überwachungs-, Fehlerfindungs- und Bestrafungsinstrumente erscheinen, umso mehr werden sie von den Mitarbeitern als sinnvoll, hilfreich und notwendig anerkannt.

Feedback und Vorbildfunktion

Mitarbeiter müssen auch ein faires Feedback über die Kontrollergebnisse erhalten. Da Mitarbeiter sich zumeist richtig verhalten und normale Leistungen erbringen, sollte die Führungskraft dies bestätigen und Anerkennung geben, während bei fehlerhaftem Verhalten oder mangelhaften Leistungen sachliche, begründete und konstruktive Kritik angesagt ist.

Dabei sei angemerkt, dass Mitarbeiter ungehalten reagieren, wenn sie von Vorgesetzten kontrolliert werden, welche gleiche oder ähnliche Fehler begehen wie sie selbst („Soll er doch erst einmal vor der eigenen Türe kehren, der hat es gerade nötig, große Töne zu spucken!"). Deshalb sollte sich jeder Vorgesetzte in seinem persönlichen Verhalten intensiv bemühen, Vorbild für seine Mitarbeiter zu sein. Denn keine Kontrolle, keine Ermahnung, keine Kritik und keine Kapuzinerpredigt sind so wirkungsvoll wie das gelebte Beispiel durch den Vorgesetzten.

Kontrollen als Schlüssel zum Erfolg

Mit der Ablehnung konstruktiver Kontrollen nützt ein Vorgesetzter niemandem. Vielmehr schadet er dem Mitarbeiter, dem Betrieb und schließlich auch sich selbst. Er übersieht einen Grundsatz, der zunehmend an Bedeutung gewinnt: Die wichtigste Aufgabe eines Vorgesetzten ist es, seine Mitarbeiter erfolgreich zu machen. Mit dem Erreichen dieses Zieles wird sich zwangsläufig für das Unternehmen und auch beim Vorgesetzten der Erfolg einstellen!

Jeder Mitarbeiter muss wissen, dass er vom Vorgesetzten kontrolliert wird und dass Kontrollen selbstverständlich sind. Bereits dieses Wissen steigert das Verantwortungsgefühl des Mitarbeiters und vergrößert den Umfang seiner Selbstkontrolle.

Um die Akzeptanz von Kontrollen zu erhöhen, sollte Mitarbeitern erklärt werden, dass es sich dabei keineswegs um eine Schikane, sondern um ein unverzichtbares Instrument zur Ergebnisverbesserung handelt. Durch faires Feedback in Form von ehrlicher Anerkennung und konstruktiver Kritik tragen Kontrollen maßgeblich zum Erfolg bei.

1.4 Zuständigkeit und Häufigkeit

Ein Vorgesetzter übt Kontrollen stets nur gegenüber den ihm unmittelbar zugeordneten Mitarbeitern aus. Hierfür besitzt er die erforderliche Fachkompetenz und kann den notwendigen Arbeitsaufwand in Grenzen halten. Es wäre ein Fehler, wenn ein Abteilungsleiter über den Kopf des Gruppenleiters hinweg dessen Mitarbeiter kontrolliert. Von dieser Zuständigkeitsregel gibt es eine Ausnahme: Erkennt ein Vorgesetzter (aber auch jeder andere Beobachter) bei einem ihm nicht direkt unterstellten Mitarbeiter einen schwerwiegenden Mangel, sollte er sofort handeln und anschließend den zuständigen direkten Vorgesetzten informieren.

Ein Beispiel: Beugt sich ein Auszubildender mit offenem langen Haar interessiert über eine laufende Drehbank, ist ein sofortiges Einschreiten eines Unzuständigen zwingend, denn jedes Zuwarten könnte zu einer schwerwiegenden Verletzung des Auszubildenden führen.

Manche Führungskraft muss ihre Auffassung revidieren, alle Mitarbeiter des gesamten nachgeordneten Bereichs in ihre Kontrollen einbeziehen zu müssen.

Wenn beispielsweise der Firmenchef pünktlich um 7.30 Uhr in der Eingangshalle seines Unternehmens steht und mit der Uhr in der Hand den pünktlichen Arbeitsbeginn seiner 160 Mitarbeiter überwacht, drängen sich sogleich drei Fragen auf:

- *Sollte diese Überwachungsaktion nicht „unter der Würde" eines Firmenchefs sein?*
- *Hat der Firmenchef keine wichtigeren oder dringenderen Aufgaben zu erfüllen?*
- *Ist ihm bewusst, dass er mit seinem Verhalten seine persönliche Autorität in den Augen der Mitarbeiter schmälert?*

Alle Mitarbeiter kontrollieren

Der Vorgesetzte kommt seiner Kontrollaufgabe gegenüber allen ihm unmittelbar unterstellten Mitarbeitern nach – ohne Ansehen der Person! Würden leistungsschwächere Mitarbeiter sehr häufig, leistungsstarke Mitarbeiter hingegen selten oder nie kontrolliert, käme dies einer Bloßstellung und Abwertung der weniger Erfolgreichen gleich. Der Vorgesetzte sollte demzufolge auch die Mitarbeiter in seine Kontrollen einbeziehen, denen er großes Vertrauen entgegenbringt. Der Verdacht der subjektiven Kontrolle, welche möglicherweise als Machtdemonstration interpretiert wird, lässt sich dann nicht rechtfertigen. Drei Gründe sprechen dafür, auch den „Überflieger" zu kontrollieren:

- Bei fehlenden Kontrollen wird dieser „Leuchtturm" oder „Leistungsheld" zunehmend misstrauisch von den Kollegen beobachtet.
- Der Vorgesetzte kann ohne Kontrollen nicht beurteilen, ob der herausragende Mitarbeiter weiterhin beste Leistungsergebnisse erzielt.
- Die besonderen Bemühungen dieses Leistungsträgers werden möglicherweise erlahmen, wenn von ihm und seinen Leistungsergebnissen keine Notiz genommen wird.

> **Übung: Zuständigkeit für Kontrollen**
>
> Betrachten Sie bitte nachstehende Hierarchieebenen und beantworten Sie die darauffolgenden Fragen.
>
> | | |
> |---|---|
> | **Ebene A** | **Betriebsinhaber** |
> | **Ebene B** | **Abteilungsleiter** |
> | **Ebene C** | **Sachbearbeiter** |
>
> 1. Wer sollte wen kontrollieren?
> 2. Wann kann der Betriebsinhaber ausnahmsweise einen Mitarbeiter der Ebene C kontrollieren?
> 3. Wie kann der Betriebsinhaber kontrollieren, ob die Mitarbeiter der Ebene B ihrer Führungsverantwortung gegenüber der Ebene C nachkommen?
>
> Lösungsvorschläge finden Sie am Kapitelende.

Häufigkeit von Kontrollen

Die Frage, wie häufig Kontrollen durchzuführen sind, lässt sich nur beantworten, wenn der Einzelfall, also

die Person, die Aufgabe und die Situation bekannt sind. So ist es ein gravierender Unterschied, ob ein Mitarbeiter
- in seinem Aufgabenbereich keine Erfahrung besitzt,
- über Grundkenntnisse verfügt oder
- als Experte anzusehen ist.

Entscheidend ist der Reifegrad des Mitarbeiters. Je mehr ein Mitarbeiter den Willen und die Fähigkeit hat, sich hohe, aber erreichbare Ziele zu setzen, selbstständig Probleme zu lösen und Verantwortung zu übernehmen, desto reifer ist er und desto weniger muss er kontrolliert werden. Mitarbeitern mit hohem Reifegrad können Vorgesetzte ihr Vertrauen am besten dadurch demonstrieren, dass sie ihre Kontrollen reduzieren und die Mitarbeiter weitgehend „unter eigener Regie" arbeiten lassen. Die von Mitarbeitern mit niedrigem Reifegrad zu erledigenden Arbeiten sind hingegen häufig zu kontrollieren. Aber auch hier sollten es Führungskräfte vermeiden, durch ständige Kontrolle Druck auszuüben, weil sie durch Druck Gegendruck provozieren. Generell sollten Vorgesetzte die Häufigkeit ihrer Kontrollen kritisch betrachten, wenn
- ihnen wegen aufwendiger und vieler Kontrollen nicht mehr genügend Zeit zur Verfügung steht, ihren übrigen Führungsaufgaben und ihren Fachaufgaben gewissenhaft nachzukommen,
- direkte oder indirekte Hinweise von Mitarbeitern kommen, dass diese sich durch die Kontrollen zu-

nehmend gestört und in ihrem Handlungs- und Bewegungsspielraum stark eingeschränkt fühlen.

Stets sollten Führungskräfte sich bemühen, einen Mittelweg zwischen zu häufigen und zu seltenen Kontrollen zu finden und zu halten.

> **Auflösung: Zuständigkeit für Kontrollen**
>
> In der zuvor beschriebenen Übung ging es darum, anhand eines Beispiels einzuschätzen, wer wen in welchen Situationen und auf welche Art kontrollieren sollte. Folgende Lösungen wären empfehlenswert:
>
> **Zu Frage 1:**
> A kontrolliert B, die Vorgesetzten B kontrollieren die Mitarbeiter C in ihrem Zuständigkeitsbereich.
>
> **Zu Frage 2:**
> Bemerkt A einen schwerwiegenden Fehler, ist sofortiges Handeln erforderlich. Anschließend wird der zuständige Vorgesetzte der Ebene B informiert.
>
> **Zu Frage 3:**
> Es bieten sich vier Möglichkeiten an:
> a) Indikatoren sind Krankenstand, Mitarbeiterbeschwerden und Fluktuationsrate.
> b) A informiert sich durch Gespräche mit den Mitarbeitern B über die Qualifikation und das Leistungsverhalten der Mitarbeiter C. Aus den Antworten lässt sich ableiten, in welchem Umfang die Vorgesetzten der Ebene B ihrer Kontrollverpflichtung nachkommen.

c) Mitarbeiterbefragungen über das Führungsverhalten der Ebene B werden ausgewertet. (Diese häufig anonym durchgeführten „Beurteilungen von unten nach oben" sind in den Betrieben nicht die Regel.)
d) A führt Informationsgespräche mit den Mitarbeitern C, was allerdings eine heikle Angelegenheit ist und deshalb viel Sensibilität und Takt erfordert. Wichtig ist, dass hierdurch nicht die Autorität des Vorgesetzten auf der Ebene B untergraben wird.

Vorgesetzte und Mitarbeiter haben oft Vorbehalte gegen Kontrollen. Doch handelt es sich dabei um eine unverzichtbare Führungsaufgabe, mit der sich positive Ergebnisse erzielen lassen, wenn sie richtig durchgeführt wird.

- *Vorgesetzte sollten Mitarbeiter spüren lassen, dass sie ihnen vertrauen. Vertrauen und Kontrolle schließen sich dabei keinesfalls aus.*
- *Ziel von Kontrollen ist es, Fehler zu vermeiden. Dann tragen sie zum Erfolg der Mitarbeiter und des gesamten Unternehmens bei.*
- *Mitarbeitern fällt es leichter, Kontrollen zu akzeptieren, wenn diese als Mittel zur Ergebnisverbesserung erkennbar sind.*
- *Es ist die Aufgabe von Vorgesetzten, alle ihnen unmittelbar unterstellten Mitarbeiter zu kontrollieren. Die Häufigkeit der Kontrollen hängt vom Reifegrad der Mitarbeiter ab.*

Werden Ziele vorgegeben oder mit Mitarbeitern vereinbart?
Seite 30

Wie sind Ziele zu formulieren?
Seite 34

Sind Ziele zwingend zu erreichen?
Seite 38

2. Ziele als Maßstab für Kontrollen

Führen mit Zielen (Management by Objectives) ist ein Führungsmodell, das schon seit Jahrzehnten in vielen Unternehmen eingesetzt wird. Denn erfolgreiches Arbeiten ist ein Verwirklichen von Zielen.

Ohne Ziele ist im Prinzip alles Planen und Handeln sinn- und zwecklos. Seneca erkannte: „Wer den Hafen nicht kennt, in den er segeln will, für den ist kein Wind ein günstiger." Ziele gelten den Mitarbeitern daher als Kompass und Wegweiser. Sie helfen dabei, Hürden zu überwinden und das Unternehmen einen weiteren Schritt vorwärtszubringen.

2.1 Festlegen von Zielen

In einer chinesischen Weisheit heißt es: „Wenn wir nicht wissen, wohin wir wollen, ist es gleichgültig, welchen Weg wir gehen." Daher sind Ziele wichtig, um den richtigen Weg zu finden. Sie sind eine Hilfe für Mitarbeiter und Führungskräfte, denn
- Ziele geben der Arbeit Sinn,
- Ziele lassen Prioritäten erkennen,
- Ziele machen die Zukunft zum Orientierungsfeld,
- Ziele setzen Energien frei,
- Ziele helfen, einen zunächst unüberschaubaren Weg überschaubar zu machen,
- Ziele erleichtern die Selbstkontrolle und
- Ziele vermindern den Kontrollaufwand.

Wer ein Ziel im Auge hat, wird auch kritischer hinterfragen, ob das, was er oder andere tun, zum Erreichen des vereinbarten Zieles notwendig ist. Mit erkannten Zielen können die zur Verfügung stehenden Kräfte und Ressourcen auf das Wesentliche konzentriert werden. Auch schaffen Ziele und gemeinsame Zielvereinbarungen Sicherheit: Jeder weiß, wo er steht und was er zu leisten hat.

Ohne konkrete Ziele befindet sich ein Mitarbeiter hingegen in ständiger Defensive. Er unterliegt leicht der Kritik, weil er nicht das Ergebnis vorweisen kann, welches er nach Ansicht des Vorgesetzten hätte erreichen müssen.

Kontrollen sind nur dann berechtigt und akzeptabel, wenn über das zu Erreichende Klarheit besteht. Formulierte Ziele (= das angestrebte Soll) dienen als Maßstab und Vergleichsbasis für das, was erreicht werden sollte, und geben den Bemühungen des Mitarbeiters Richtung und Bedeutung.

Zielvereinbarungen statt Zielvorgaben

Im Regelfall werden Ziele im Rahmen von Jahres-/Mitarbeitergesprächen definiert. Als Ersatz für darin fixierte Ziele können Einzelweisungen, Arbeitsaufträge, Richtlinien, Bedienungsanleitungen, Arbeitsschrittlisten, Checklisten und ähnliche Unterlagen als Basis für Kontrollen herangezogen werden.

Werden Ziele allein vom Vorgesetzten verbindlich durch Anweisung vorgeschrieben, handelt es sich um Zielvorgaben im Sinne autoritärer Führung. Im Normalfall wird der von der Entscheidungsfindung ausgeschlossene Mitarbeiter solche Zielvorgaben nicht tolerieren, sondern ihnen Ablehnung und Widerstand entgegenbringen. Weil die Motivation dementsprechend gering ist, installiert der Vorgesetzte in diesem Fall ein System aus äußerst detaillierten Arbeitsanweisungen und umfangreichen Kontrollmechanismen zur Durchsetzung der Zielvorgaben. Dabei wird übersehen, dass Zielvorgaben dem Leitbild zeitgemäßer Mitarbeiterführung widersprechen und nur noch in Ausnahmesituationen (zum Beispiel in akuten Gefahrenlagen) gerechtfertigt sind.

Erfolg versprechender für alle Beteiligten ist eine Zielvereinbarung, in der Vorgesetzter und Mitarbeiter gemeinsam Ziele formulieren und festlegen. Je stärker ein Mitarbeiter am Zielfindungsprozess teilhaben kann, umso eher werden Abweichungen zwischen den Vorstellungen des Vorgesetzten und des Mitarbeiters vermieden, umso häufiger werden die Fähigkeiten des Mitarbeiters frühzeitig aktiviert, umso intensiver kann er eigene Vorstellungen in die Zielvereinbarung einbringen.

Ziele, die der Mitarbeiter selbst mit festlegen konnte, bündeln seine vorhandenen Energien für konkrete Handlungen. Trotz anfänglicher Hürden und Hemmnisse wird er eher diese Ziele mit größerem Eifer angehen, als es bei Zielen der Fall wäre, die ihm aufgezwungen wurden. Auch lassen sich wesentlich bessere Leistungen erreichen, wenn der Mitarbeiter das Bewusstsein hat, sich die Ziele selbst gesteckt und mit seinem Vorgesetzten vereinbart zu haben. Und je näher der Mitarbeiter einem anspruchsvollen Ziel kommt, desto größer wird das Gefühl, etwas Besonderes zu leisten. Wird das Ziel schließlich erreicht, stellen sich intensiv empfundene Erfolgserlebnisse ein, die wiederum eine Quelle neuer Leistungsbereitschaft sind.

Hat ein Mitarbeiter in seinem bisherigen Berufsleben immer nur vorgegebene Ziele erhalten, bedeutet seine Beteiligung an der Zielfindung ein Umdenken, manchmal sogar einen mühsamen Lernprozess. Hier ist der Vorgesetzte aufgerufen, Geduld zu üben, Überzeugungsarbeit zu leisten und nicht gleich bei Bedenken des Mitarbeiters die Flinte ins Korn zu werfen.

Vorgehen bei der Zielvereinbarung

Wollen Sie gemeinsam mit einem Mitarbeiter Ziele vereinbaren, könnten Sie wie folgt vorgehen:

(1) Sie legen mit dem Mitarbeiter einen Gesprächstermin fest und bitten ihn, bis zu dem Gespräch seine Zielvorstellungen für einen darzulegenden Zeitraum zu entwickeln. So kann der Mitarbeiter im Rahmen seines Aufgaben- und Verantwortungsbereichs seine Sichtweise und Vorstellungen in den Zielfindungsprozess einbringen.

(2) Sie sammeln zunächst die notwendigen Daten (z. B. Markt-/Kostendaten für einzelne Produkte) für die Ausgangslage (Ist-Zustand). Anschließend erarbeiten Sie unabhängig vom Mitarbeiter Ihre längerfristigen Zielvorstellungen (in der Praxis haben sich ein bis fünf Ziele als realistisch erwiesen) für den Aufgabenbereich des Mitarbeiters und ermitteln hieraus von Ihnen gewünschte kurzfristige Ziele (Soll-Zustand).

(3) Sie koordinieren das gewünschte Soll in Gedanken mit den Zielen anderer Mitarbeiter und denen Ihres gesamten Bereichs.

(4) Es folgt die wechselseitige Abstimmung der Zielvorstellungen durch partnerschaftliche Diskussion mit dem Mitarbeiter, sodass schließlich über die anzustrebenden Ziele ein Konsens entsteht.

(5) Das Ergebnis muss integriert sein in die immer stärker werdenden Vernetzungen und übergreifenden Abhängigkeiten im Unternehmen, die bereichsinterne Abstimmungen voraussetzen.

Zielvereinbarungen zwischen dem Vorgesetzten und dem Mitarbeiter stellen für den Mitarbeiter eine Identifikationsgrundlage dar. Auf diese Art festgelegte Ziele werden als objektive Kontrollkriterien akzeptiert. Es gelten die Grundsätze: Keine Kontrollen ohne Zielvereinbarung! Keine Zielvereinbarung ohne Kontrollen!

2.2 Ziele SMART formulieren

Eine einprägsame Art, die wichtigsten Eigenschaften von Zielen zu beschreiben, bietet das Akronym SMART:

S = spezifisch
Ziele sollten klar und eindeutig sein und den Reifegrad des Mitarbeiters berücksichtigen. In der Pädagogik hat man schon seit Langem erkannt, dass Lernziele genau zu definieren sind. Gleiches gilt uneingeschränkt für die Vereinbarung von Zielen im Beruf, damit alle Beteiligten unter einer Aussage das Gleiche verstehen. Unverbindliche Absichtserklärungen wie etwa „Ausweitung der Informationstätigkeit" (der Vorgesetzte versteht hierunter vielleicht eine Erhöhung der Aktivitäten um

50 Prozent, der Mitarbeiter glaubt dagegen, das Soll bei einer Steigerung um 20 Prozent gut zu erfüllen) oder mehrdeutige Umschreibungen wie „angemessen", „besser", „viel", „grundsätzlich", „im Allgemeinen", „qualitativ höherwertig", „beachtlich" oder „produktiver" genügen nicht. Erkennt der Mitarbeiter kein präzises und konkret formuliertes Ziel, sondern lediglich einen guten Vorsatz, fehlt ihm der anzuvisierende Punkt, auf den er hinarbeiten kann.

Demzufolge müssen Ziele eindeutige Aussagen enthalten zu

- Inhalt (z. B. Verbesserung der Input-/Output-Relation),
- Ausmaß (z. B. Verdoppelung des Gewinns im Vergleich zum Vorjahr/Umsatzsteigerung um 20 Prozent gegenüber .../Verminderung des Ausschusses um zwei Drittel gegenüber der Zeit vom ... bis ...) und
- Zeit (z. B. innerhalb eines Jahres/spätestens nach fünf Arbeitstagen).

M = messbar

Was hilft ein eingehend erörtertes Ziel, wenn es nicht möglich ist, zu überprüfen, ob es erreicht wurde? Also müssen Ziele konkrete Zahlen und Daten enthalten, keinesfalls dürfen sie „schwammig" sein. Nur so lässt sich der Erreichungsgrad eines Zieles kontrollieren. Merke: Was sich nicht messen lässt, lässt sich nicht managen.

A = ausführbar/attraktiv/aktiv beeinflussbar
Ziele sollten generell machbar sein und dürfen sich nicht widersprechen. Für den Mitarbeiter sollten sie attraktiv sein, ihm also vorteilhaft erscheinen. Außerdem sollten sie aktiv beeinflussbar sein, das heißt, der Mitarbeiter sollte in der Lage sein, sie aus eigener Kraft zu erreichen.

R = realistisch
Ziele sollten nicht über- und nicht unterfordern, sondern herausfordern. In der Führungspraxis lassen manche Führungskräfte diesen Punkt unbeachtet. Stattdessen behaupten sie: „Um das Mögliche zu erreichen, muss ich das Unmögliche fordern." Sie verkennen hierbei, dass so die Arbeitsmoral des Mitarbeiters untergraben und das Mögliche verspielt wird. Ein kluger Mann gab zu bedenken: „Wer alles erreichen will, wird als Meister des Nichts enden."
Die realistische Leistungseinschätzung für jeden Mitarbeiter verhindert eine leistungsmindernde Über- oder Unterforderung. Dauerhafte Überforderung zerstört die psychische und physische Gesundheit des Mitarbeiters und kann eine Burn-out-Situation bewirken. Bei einer dauerhaften Unterforderung ist eine Boredom- oder auch Bore-out-Situation mit nahezu deckungsgleichen Symptomen wie beim Burn-out-Syndrom nicht auszuschließen. Dabei scheint der Organismus auf Überforderungen langfristig weniger tolerant zu reagieren als auf Unterforderung. Es bedarf bei der Ziel-

vereinbarung einiger Erfahrung, solche Ziele herauszuarbeiten, bei denen der Mitarbeiter wegen zu hoch hängender Trauben nicht von vornherein den Mut sinken lässt, andererseits aber noch genügend Ansporn findet, sich anzustrengen. Generell wächst der Mensch mit einem Ziel, welches ihn in angemessener Weise herausfordert.

Auch sollten sich abzeichnende zukünftige Entwicklungen und vermutliche Störeinflüsse angemessen berücksichtigt werden. Grundsätzlich ist jedoch von normalen Bedingungen auszugehen, weil sich durch das Einbeziehen aller denkbaren Eventualitäten (zum Beispiel plötzliche Marktveränderungen oder Umwelteinflüsse, veränderte Prioritäten im politischen Umfeld) die Festlegung von Zielen endlos hinziehen würde.

T = terminiert
Abschließend ist zu beachten, dass alle Ziele stets mit Terminangabe versehen sein sollten. Das gilt auch für Teilziele.

Ziele sollten SMART sein, also: spezifisch, messbar, ausführbar/attraktiv/aktiv beeinflussbar, realistisch und terminiert. Weisen vereinbarte Ziele diese Eigenschaften auf, helfen sie, Aufgaben zu realisieren. Sie enthalten einen Maßstab, an dem der Fortschritt gemessen und die beabsichtigten Aktionen ständig bewertet werden können.

2.3 Begrenzte Haltbarkeit von Zielen

Vereinbarte Ziele stellen keine in Stein gemeißelten Festlegungen dar. Auch nach erfolgter Zielvereinbarung bleibt der Vorgesetzte im Rahmen seiner Kontrollfunktion aktiv. So wird er möglichst gemeinsam mit dem Mitarbeiter klären, ob erfolgreich auf das vereinbarte Soll zugesteuert wird. Die Beantwortung folgender Fragen ist dabei hilfreich:

- Wie ist der Stand des Arbeitsfortschritts?
- Können die vereinbarten Ziele planmäßig angesteuert werden?
- Gibt es störende Einflüsse? Wie kann man sie in den Griff bekommen?
- Müssen überholte/unangemessene Ziele ausgesondert werden?
- Sind neue Ziele für zusätzliche Aufgaben zu vereinbaren?
- Wobei braucht der Mitarbeiter Unterstützung?

Was spricht dagegen, in einem festgelegten Rhythmus Zielreporte zu erbitten? Stellt sich dabei heraus, dass die Zielerfüllung entscheidend gefährdet ist, sind zunächst die Ursachen für die Zielabweichung zu ermitteln (Kapitel 4.1 „Analyse von Zielabweichungen"). Ist das vereinbarte Ziel nach dieser Analyse nicht oder nicht mehr realistisch, muss es den Gegebenheiten mittels einer notwendigen Zielkorrektur angepasst werden.

Checkliste zur Zielvereinbarung

Mit der folgenden Checkliste reflektieren Sie das Zielvereinbarungsgespräch und die vereinbarten Ziele:
- Konnte der Mitarbeiter rechtzeitig seine Vorstellungen entwickeln und sich ausreichend auf das Zielvereinbarungsgespräch vorbereiten?
- Kam es zu einer Zielvereinbarung, in der ich gemeinsam mit dem Mitarbeiter einen Konsens erzielte?
- Bestehen gute Chancen, dass sich der Mitarbeiter mit den vereinbarten Zielen auch persönlich identifiziert?
- Sind die Ziele klar, präzise und unmissverständlich formuliert?
- Sind die Ziele inhaltlich (was ist zu tun?) genau bestimmt?
- Wurden Ausmaß (in welchem Umfang?) und Zeit (bis wann ist etwas zu tun?) limitiert?
- Sind die Ziele messbar?
- Orientieren sich die Ziele am Möglichen und Machbaren?
- Müssen unverzüglich Personalentwicklungsmaßnahmen eingeplant werden, weil dem Mitarbeiter das für die neu vereinbarten Ziele notwendige Know-how fehlt?
- Sind die Ziele anspruchsvoll/herausfordernd, sodass mit ihnen ein Motivationsschub einhergehen wird?
- Ist die Anzahl der vereinbarten Ziele auf maximal fünf begrenzt?

- Konnten erkennbare/vermutete Zielkonflikte ausgeräumt bzw. auf ein Minimum beschränkt werden?
- Müssen zusätzliche Ressourcen (personell, materiell, finanziell) zur Verfügung gestellt werden, damit die Ziele erreicht werden können?
- Wurden die mit dem Mitarbeiter vereinbarten Ziele in einem Meeting koordiniert, sodass nun alle Mitarbeiter an einem Strang ziehen?
- Wann sollte ich mit der periodischen Überprüfung des Zielerreichungsgrades beginnen? (Stichproben und Milestones-Gespräche dienen dem Check-up, ob und wie der Mitarbeiter mit der Zielvereinbarung zurechtkommt und ob Zielvereinbarungen überdacht und geändert werden müssen.)

Gemeinsam formulierte Ziele üben auf den Mitarbeiter eine geradezu magnetische Anziehungskraft aus. Weil er den Zielen zugestimmt hat, wird er den Ehrgeiz entwickeln, die anvisierten Ergebnisse zu erreichen.

Bei der Zielvereinbarung hilft die SMART-Regel: Ziele sollten demnach spezifisch, messbar, ausführbar/attraktiv/aktiv beeinflussbar, realistisch und terminiert sein.

Der Zielerreichungsprozess sollte durch regelmäßige Zielreporte kontrolliert werden. Dabei ist es möglich, Ziele nachträglich zu korrigieren.

30 MINUTEN

Welche Kontrollarten eignen sich nur in Ausnahmefällen?
Seite 44

Welche Kontrollarten führen eher zum Erfolg?
Seite 47

Ist indirekte Kontrolle akzeptabel?
Seite 54

3. Die richtige Kontrollart finden

Selbst wenn Mitarbeiter die Notwendigkeit von Kontrollen akzeptieren, können Vorgesetzte beim Einsatz einer unangebrachten Kontrollart auf Widerstand stoßen. Nicht jede Form der Kontrolle ist für jede Situation und jeden Mitarbeiter geeignet, und es gibt Kontrollarten, die generell empfehlenswerter sind als andere, die nur in Ausnahmefällen genutzt werden sollten. Führungskräfte sollten deshalb das zur Verfügung stehende Instrumentarium kennen und von Fall zu Fall die jeweils passende Kontrollmöglichkeit auswählen.

3.1 Kontrollarten für Ausnahmefälle

Es gibt einige Kontrollarten, die eher zurückhaltend eingesetzt werden sollten. Im Regelfall sind sie ungeeignet und können Widerstände der Mitarbeiter hervorrufen und dadurch schaden. Lediglich in Ausnahmesituationen kann es sinnvoll sein, auf diese Formen der Kontrolle zurückzugreifen.

Ausführungs- bzw. Verhaltenskontrolle

Diese Kontrollart stellt die Person des Mitarbeiters in den Vordergrund („Wie macht er das?") und wird deshalb vielfach von den Mitarbeitern als der Sache nicht dienlich, einengend, schikanös und überflüssig abgelehnt. Denn Ausführungs- bzw. Verhaltenskontrollen erfordern subjektive Beobachtungen, die häufig zu nicht messbaren Ergebnissen führen, denen der Kontrollierte oft widerspricht („Das mögen Sie ja so sehen, ich meine aber ...").

Sie sollten Ausführungs- bzw. Verhaltenskontrollen nur in zwei Fällen vorsehen:

1. Fehlerhaftes Verhalten führt zu umständlicher, zeit- oder kostenaufwendiger Aufgabenerledigung.
2. Trotz fehlerhaften Verhaltens wurden bisher die gewünschten Ergebnisse erreicht. Dennoch sind zukünftig bei gleichem Verhalten gravierende Misserfolge nicht auszuschließen (z. B. falsche Arbeitsgewohnheiten wie Nichtbeachtung von Sicherheitsvorschriften

auf technischem Sektor oder von Hygienevorschriften im Nahrungsmittelbereich).

Totalkontrolle

Pessimistische und misstrauische Vorgesetzte glauben, dass keine Arbeit so einfach ist, dass Mitarbeiter sie nicht falsch machen könnten. Totalkontrollen sollten jedoch nur auf Ausnahmefälle beschränkt bleiben, zu denen etwa Einarbeitungsphasen oder spezielle Arbeiten, etwa besonders risikobehaftete, zählen.

Arbeiten eines Fluggerätemechanikers am Flugzeug müssen beispielsweise zwingend nach dem Vieraugenprinzip von einem Prüfer kontrolliert werden, Arbeiten an der Bremse eines Pkw werden ausnahmslos vom Meister überprüft, bevor das Fahrzeug dem Kunden übergeben wird, die Arbeit eines Fallschirmpackers muss von einer weiteren Person begutachtet werden.

Im Normalfall ist die Totalkontrolle jedoch eine Arbeitsfreude und Eigeninitiative tötende Form der Überwachung, die für den Vorgesetzten eine starke physische und zeitliche Belastung beinhaltet und zu Verzögerungen im Betriebsablauf führt.

Totalkontrollen fordern manche Mitarbeiter zum Widerstand heraus. Kleine Freiräume werden exzessiv genutzt und viel Energie wird eingesetzt, den Kontrollinstanzen ein Schnippchen zu schlagen. Solche Kontrollen schaden also der Arbeitsmoral, da sie den Eindruck erwecken, das Auge des großen Bruders (Orwell, *1984*) schaue ständig auf die Mitarbeiter herab.

Dennoch wird sich mancher Mitarbeiter mit der Totalkontrolle arrangieren. Da der Chef alles kontrolliert, schiebt man die Verantwortung für fehlerfreies Arbeiten auf ihn ab – schließlich sucht der ja sowieso nach Fehlern und findet sie auch! Abgesehen von gelegentlichem Ärger mit dem Vorgesetzten ist man „fein raus". Merke: Totalkontrollen können zu Unselbstständigkeit und Nachlässigkeit führen.

> **Was bedeuten Totalkontrollen für Sie als Chef?**
> Wer ständig misstraut, arbeitet wegen der praktizierten Totalkontrolle („Alles geht über meinen Tisch") selbst viel zu viel. Und wer zu viel arbeitet, verliert den Überblick. Durch eine Überarbeitung erhöht sich auch die Fehlerquote. Nach einiger Zeit wird offensichtlich, dass der Kontrollierende seinen eigenen Aufgaben nicht mehr in dem bisherigen Umfang und in der gewohnten Güte nachkommt. Welche negativen Folgen sich für den Vorgesetzten hieraus ergeben, kann jeder Leser am besten selbst beurteilen.

Fremdkontrolle

Mit Fremdkontrolle wird generell jede Kontrollart bezeichnet, die durch den Vorgesetzten erfolgt. Fremdkontrolle ermöglicht objektivere Ergebnisse und verhindert Selbsttäuschung. Allerdings wird sie von manchem Mitarbeiter als störend und unangenehm empfunden, weil ihm hierdurch seine Abhängigkeit und Unselbstständigkeit vor Augen geführt wird.

Von einigen Ausnahmefällen, etwa besonders risikobehafteten Arbeiten, abgesehen, sollte Ausführungs- und Verhaltenskontrolle bis hin zur Totalkontrolle vermieden werden. Diese Kontrollarten schaden dem Arbeitsklima und der Motivation. Deshalb sollten Vorgesetzte alle Formen der Fremdkontrolle auf ein Minimum reduzieren.

3.2 Empfehlenswerte Kontrollarten

Durch übertriebene Fremdkontrolle vermitteln Vorgesetzte den Eindruck, sie würden ihren Mitarbeitern nicht zutrauen, ihre Aufgaben zweckmäßig und gewissenhaft zu erledigen. Daher ist es ratsam, stattdessen Kontrollarten zu wählen, die dem Mitarbeiter verstärkt die Selbstkontrolle ermöglichen.

Ergebnis- bzw. Endkontrolle

Ergebniskontrollen, also Kontrollen, welche die Sache betreffen („Ist das Arbeitsergebnis in Ordnung?"), zeigen den Beteiligten, in welchem Ausmaß Arbeitsziele oder Teilziele erreicht wurden. Bei dieser Kontrollart wird durch den Soll-Ist-Vergleich das gesamte Arbeitsergebnis analysiert, der Weg dorthin bleibt dagegen außer Betracht. Die Art und Weise der Arbeitsausführung wird ganz dem Mitarbeiter überlassen, sodass seine Initiative und Leistungsbereitschaft gefragt sind.

Stichprobenkontrolle

Mit Stichprobenkontrollen begleiten Vorgesetzte die Aufgabenerledigung durch ihre Mitarbeiter und stellen damit sicher, dass sich Mitarbeiter im Einzelfall fachlich und führungsmäßig richtig verhalten und dass Teilziele und Ergebnisse in der richtigen Form und zur richtigen Zeit erreicht werden. Hierbei steht noch ausreichend Zeit zur Verfügung, während des Arbeitsprozesses erkannte Probleme durch rechtzeitige korrigierende Maßnahmen positiv zu beeinflussen. Mittels eingeleiteter Kurskorrekturen begünstigen die Vorgesetzten das Erreichen vereinbarter Ziele.

Folgende Empfehlungen sollten bei Stichprobenkontrollen beachtet werden:

Nehmen Sie Stichprobenkontrollen selbst vor!
Stichprobenkontrollen nehmen Sie selbst vor, da die Kontrollfunktion zu den nicht delegierbaren Führungsaufgaben des Vorgesetzten zählt.

Kontrollieren Sie zufällig und unregelmäßig!
Da Strichprobenkontrollen der Prophylaxe dienen, nehmen Sie sich dieser Aufgabe kontinuierlich, aber unregelmäßig an. Der Mitarbeiter muss mit Stichprobenkontrollen in völlig unregelmäßigen Zeitabständen rechnen.

Kontrollieren Sie ohne aktuellen Anlass!
Für die Durchführung von Stichprobenkontrollen bedarf es keines aktuellen Anlasses. Vielmehr werden Sie

von sich aus aktiv und kommen dieser Führungsaufgabe systematisch nach.

Stellen Sie einen Kontrollplan auf!
Sie sollten für Ihren Zuständigkeitsbereich einen Kontrollplan in einfacher Form aufstellen. Darin sollen neben den Kontrollterminen auch die zu kontrollierenden Arbeiten vermerkt sein.

Achten Sie auf strategische Kontrollpunkte!
Den jeweiligen strategischen Kontrollpunkten sollten Sie Ihre besondere Aufmerksamkeit schenken. Strategische Kontrollpunkte sind solche Punkte,
- an denen ein Mitarbeiter immer wieder Schwächen erkennen lässt (z. B. oberflächliches Arbeiten, Drückebergerei, unzureichendes Know-how),
- an denen erfahrungsgemäß Probleme/Störungen besonders häufig auftreten,
- an denen Fehler zu weiteren Fehlern oder Abweichungen führen können (z. B. Fehler in der Annahme von Reparaturaufträgen, die zu unnötigen oder falschen Arbeiten in der Werkstatt führen) oder
- an denen unter Zeitdruck stehende Arbeiten spätestens begonnen werden müssen, um sie termingerecht abschließen zu können.

Es ist jedoch nicht ratsam, sich ausschließlich auf die strategischen Kontrollpunkte zu konzentrieren. Lassen Sie nämlich alle vom Mitarbeiter normalerweise zufriedenstellend erledigten Aufgaben bei Ihren Kontrollen außer Acht, könnte sich nach einiger Zeit Nachlässigkeit einschleichen. Alle Ressourcen des Mitarbeiters wären auf die beanstandungsfreie Erledigung der im Mittelpunkt Ihres Interesses stehenden strategischen Kontrollpunkte gerichtet – der Schlendrian hätte gute Chancen, eine Leistungsverschlechterung bei den von Ihnen unbeachteten Aufgaben herbeizuführen.

Kontrollieren Sie zielgerichtet!
Ist Ihnen schon ein Vorgesetzter begegnet, der seiner Kontrollpflicht mittels eines gelegentlichen Ganges durch seine Abteilung nachkommt und dabei Fragen stellt wie: „Alles klar?", „Na, läuft's?", „Gibt's Probleme?". Die Antworten können wir uns denken: „Ja, alles okay", „Alles im grünen Bereich". Allgemeine Fragen stellen keine Kontrolle dar, zumal sie einen möglichen Handlungsbedarf des Vorgesetzten verschleiern. Kontrolle muss immer zielgerichtet (Soll-Ist-Vergleich) sein.

Kontrollieren Sie auch das, was meist gut gelingt!
Reiten Sie an den strategischen Kontrollpunkten häufig auf Fehlern herum, erzeugt dies eine ablehnende Haltung. Der Mitarbeiter würde daraus schließen, Ihnen ginge es lediglich darum, ihm seine Unzulänglichkeiten nachzuweisen. Kontrollieren Sie dagegen auch die Aufgaben, die ein Mitarbeiter normalerweise gut erledigt, haben Sie Anlass, dem Mitarbeiter Ihre Anerkennung zu vermitteln.

Bleiben Sie Fehlern auf der Spur!
Je konsequenter Sie einmal festgestellten Abweichungen auf der Spur bleiben, desto eher stellt ein Mitarbeiter den Fehler ab. Sie fördern hierdurch eine ordentliche Aufgabenerledigung. Das Nachfassen ist trotz der Beteuerungen auf Besserung notwendig, weil manches Fehlverhalten derart eingefahren ist, dass es zur Verhaltensänderung mehrmaliger Hinweise über einen längeren Zeitraum bedarf.

Nutzen Sie auch Ihre Erfahrung und Intuition!
Manche Vorgesetzte haben einen Riecher für Schwachstellen entwickelt. Sie merken frühzeitig, wann neue Entscheidungen zu treffen sind, wo Gefahrenmomente auftreten können, in welchem Bereich Koordinierungsprobleme entstehen werden oder ob ein Mitarbeiter überfordert sein wird oder etwas vergessen könnte. Sie verfügen über analytische Fähigkeiten, durch die sie eine von der Norm abweichende Angelegenheit quasi aus der Vogelperspektive erkennen. Gewiss zahlt es sich aus, wenn Sie im Laufe Ihrer Vorgesetztenfunktionen diese Fähigkeit entwickeln. Dennoch sollten Sie sich nicht nur auf Ihre Intuition verlassen, sondern auch Kontrollpläne nutzen.

Nehmen Sie sich für Kontrollen ausreichend Zeit!
Da neben der Kontrolle selbst auch eine gründliche Auswertung der Kontrollergebnisse vorzunehmen ist, sollten Sie genügend Zeit einplanen (dabei aber bitte

keine Erbsenzählerei betreiben). Führen Sie trotz knapper Zeit eine Stichprobenkontrolle durch, benötigen Sie später erneut Zeit, um die Kontrolle noch einmal gewissenhaft zu wiederholen. Denn flüchtige Kontrollen verfehlen oft ihren Zweck. Gewissenhafte Kontrollen müssen den Betriebsablauf keineswegs stören, sie lassen sich, gerade wenn sie eine Selbstverständlichkeit sind, still und unauffällig vollziehen.

Selbst- bzw. Eigenkontrolle
Kontrolliert der Mitarbeiter seine Arbeitsergebnisse zunächst selbst, begegnet uns die Selbst- bzw. Eigenkontrolle. Sie entspricht dem Bild vom eigenverantwortlichen und mit den erforderlichen Kompetenzen ausgestatteten Mitarbeiter. Beachten Sie einige für vermehrte Selbstkontrolle sprechende Erwägungen:
- Selbstkontrolle motiviert den Mitarbeiter und fordert ihn zu besseren Leistungsergebnissen heraus.
- Selbstkontrolle entlastet den Vorgesetzten.
- Selbstkontrolle gibt dem Mitarbeiter die Chance, Fehler durch rasche Gegenmaßnahmen aus der Welt zu schaffen, ohne dass andere es bemerken.

Prinzipiell empfiehlt es sich, den Anteil der Selbstkontrolle zu erhöhen oder aber die Selbstkontrolle durch Einsatz von Kontrollinstrumenten zu begleiten.
Wenngleich Mitarbeiter wissen, dass Vorgesetzte ihrer Führungsaufgabe Kontrolle in einer angemessenen Art und Weise nachkommen werden (vorrangig mittels

Stichproben), sollten sie in die Kontrolle miteinbezogen werden:
- Strategische Kontrollpunkte, welche die besondere Aufmerksamkeit aller Beteiligten erfordern, können gemeinsam definiert werden.
- Zielreporte können vereinbart werden. (Diese beinhalten Informationen des Mitarbeiters an den Vorgesetzten, die einen periodischen Vergleich der erzielten Zwischenergebnisse mit den vereinbarten Zielen ermöglichen, also beiden Seiten zur Absicherung der anvisierten Ziele dienen.)
- Erreichte Teilziele können herausgestellt werden.

So weiß der Mitarbeiter, auf welche „Knackpunkte" es bei seiner Selbstkontrolle ankommt und was im Vordergrund seiner Überlegungen stehen sollte. Selbstkontrolle setzt verantwortungsbewusste Mitarbeiter voraus. Mit jeder Verminderung des Anteils der Fremdkontrolle lässt sich die Selbstverantwortung des Mitarbeiters steigern.

Die Ergebnis- bzw. Endkontrolle wird vergangenheitsbezogen gehandhabt, um zu überprüfen, ob Ziele erreicht wurden. Um drohende Misserfolge frühzeitig zu erkennen und gegensteuern zu können, empfehlen sich zusätzlich gegenwartsbezogene Stichprobenkontrollen. Generell sollten Mitarbeiter in die Kontrollen miteinbezogen und zur Selbstkontrolle ermuntert werden.

3.3 Indirekte Kontrolle

Möchten sich Vorgesetzte von der Arbeit und/oder dem Verhalten eines Mitarbeiters unmittelbar ein Bild machen, kontrollieren sie direkt. Mittels einer „Augenkontrolle" stellen sie sich bildlich neben ihren Mitarbeiter und schauen und hören ihm bei seiner Aufgabenerledigung zu. Mit diesen sich häufig bereits aus dem Arbeitsablauf ergebenden und die Aufgabenerledigung begleitenden Kontrollen kommen sie ohne Umschweife ihrer Führungsaufgabe Kontrolle nach.

Bei indirekten Kontrollen halten sich Vorgesetzte dagegen im Hintergrund und runden ihr Bild vom Leistungsverhalten und Leistungsvermögen ihres Mitarbeiters durch Informationen anderer Personen bzw. Stellen ab. In Betracht kommen zum Beispiel:

- Informations-/Fachgespräche mit Mitarbeitern oder Kunden des zu kontrollierenden Mitarbeiters,
- Kundenbefragungen,
- Häufigkeit von Kundenreklamationen,
- Beiträge des Mitarbeiters in Mitarbeiterbesprechungen/Problemdiskussionen,
- Auswertungen von Statistiken und
- Ergebnisse spezieller Kontrollen durch andere Betriebsstellen (u. a. Qualitätskontrolle, Arbeitsvorbereitung, Revisionsabteilung, Controlling) oder externe Berater.

Denunzianten und Intriganten sollten kein Gehör finden. Würden Vorgesetzte von diesen Personen erhaltene Informationen ohne eigene Überprüfung als erwiesene Tatsachen übernehmen, käme es unweigerlich zu erheblichen Dissonanzen, die negative Auswirkungen auf die Arbeitsgruppe hätten. Ein Klima von Misstrauen und Ablehnung würde sich breitmachen, weil jeder befürchten müsste, dem Vorgesetzten könnte alles von einem Spitzel überbracht werden.

Vorgesetzten stehen verschiedene Kontrollarten zur Verfügung, von denen einige generell mehr, andere weniger empfehlenswert sind:
- *Verhaltenskontrollen oder gar Totalkontrollen sollten nur in Ausnahmefällen zum Einsatz kommen, da sie die Eigenständigkeit der Mitarbeiter einschränken und Widerstände hervorrufen können.*
- *Empfehlenswert sind Ergebniskontrollen in Verbindung mit unregelmäßigen Stichprobenkontrollen. Dabei sollte Mitarbeitern auch Selbstkontrolle ermöglicht werden.*
- *Indirekte Kontrollmöglichkeiten sind akzeptabel, solange bei Mitarbeitern nicht der Eindruck entsteht, man würde sie ausspionieren.*

30 MINUTEN

Auf welche Aspekte ist bei der Analyse von Zielabweichungen zu achten?

Seite 58

Wie sollte man Mitarbeitern Anerkennung zollen?

Seite 62

Wie wird Kritik sachlich, konstruktiv und aufbauend geübt?

Seite 68

4. Kontrollergebnisse nutzen

Hieb- und stichfeste Kontrollergebnisse brauchen das Tageslicht nicht zu scheuen. Würde der Mut zu einer offenen Aussprache mit den Mitarbeitern fehlen, wären die Ergebnisse letztlich nutzlos und man könnte auf die Kontrollen schlichtweg ganz verzichten. Vorgesetzte sollten es deshalb als einen Akt der Fairness betrachten, ihren Mitarbeitern ein Feedback über ihre Kontrollergebnisse zu geben. Diese Rückmeldung ist Dreh- und Angelpunkt für angestrebte Veränderungsprozesse und ebnet so allen Beteiligten den Weg zum gewünschten Erfolg.

4.1 Analyse von Zielabweichungen

Wird bei einer Kontrolle eine Abweichung des Ist vom Soll erkannt, gilt es, Ursachenforschung zu betreiben, um den Grund der Differenz dingfest zu machen. Häufig ist auf den ersten Blick zu erkennen, welche Ursache eine Zielabweichung bewirkt hat, sodass sogleich Schadensvermeidung oder -begrenzung betrieben werden kann. Schwieriger wird es, wenn keine schlüssigen Erkenntnisse vorliegen und die Ursache demzufolge zunächst nur erahnt oder vermutet werden kann. In diesem Fall kommen Vorgesetzte nicht umhin, eine schrittweise Abweichungsanalyse vorzunehmen:

Exakte Beschreibung der Zielabweichung
Der erste Schritt einer Abweichungsanalyse besteht darin, die Zielabweichung exakt zu beschreiben. Dazu sollten folgende Aspekte hinterfragt werden:
- Art: Welcher konkrete Punkt stellt die Zielabweichung dar?
- Ausmaß: In welchem Umfang/Ausmaß ist eine Zielabweichung erkennbar?
- Ort: An welchem Ort tritt die Zielabweichung auf?
- Zeit: Welche zeitlichen Kriterien sind bedeutungsvoll?

Auflistung möglicher Ursachen
Um die Ursachen einer Zielabweichung zu identifizieren, sollten mehrere Faktoren ins Auge gefasst werden. Vorgesetzte sollten zunächst sich selbst in ihrer eige-

nen Funktion kritisch betrachten, indem sie folgende Fragen überdenken:
- Übertrug ich die Aufgabe an den zuständigen und geeigneten Mitarbeiter?
- Wurde dieser Mitarbeiter überlegt und systematisch in die Aufgabe eingewiesen?
- Sorgte ich für einen ausreichenden Informationsstand des Mitarbeiters?
- Achtete ich auf eine Erfolg versprechende Zusammensetzung der Arbeitsgruppe?
- Stand ich Mitarbeitern im Falle auftretender Probleme für vertrauensvolle Mitarbeitergespräche zur Verfügung?
- Kam ich in einem angemessenen Rahmen meiner Führungsaufgabe Kontrolle nach?
- Ging ich in meiner wichtigen Vorbildfunktion stets mit gutem Beispiel voran?

Anschließend gilt es zu prüfen, ob die Ursachen für eine Zielabweichung möglicherweise bei einem einzelnen Mitarbeiter liegen könnten:
- War der Mitarbeiter von seinem Ausbildungsstand her überfordert?
- Verfügte er über die erforderliche Motivation?
- Wurde er durch unzureichende organisatorische Vorgaben behindert?
- Kommt er mit dem Führungsstil nicht zurecht?
- Welche Lebenseinstellungen prägen das Verhalten des Mitarbeiters?

Oft verhalten sich Mitarbeiter in der Arbeitsgruppe anders, als sie es als Einzelpersonen tun. Vorgesetzte sollten bei der Ursachenforschung auch die Arbeitsgruppe betrachten:
- War die Größe der Arbeitsgruppe ein Hindernis?
- Wurde das Arbeitsergebnis durch informelle Gruppen, durch einen informellen Führer oder durch behindernde Gruppennormen beeinflusst?
- Wirkten sich ungelöste Konflikte in der Arbeitsgruppe störend aus?
- Wie ist die Gruppendisziplin zu bewerten?

Auch das vereinbarte Ziel sollte analysiert werden:
- War das Ziel SMART (wie in Kapitel 2.2 beschrieben)?
- Ist eine notwendige Zielkorrektur unterblieben?
- Traten bei der Zielvereinbarung angenommene Entwicklungen und Ereignisse nicht ein?

Es sollte zudem überprüft werden, ob die jeweilige Situation für die Zielabweichung verantwortlich ist:
- Sind Veränderungen in den Sachaufgaben, bei den Arbeitsplätzen, in der Firmenstruktur, bei der Betriebsgröße, in der Firmenkultur eingetreten?
- War die personelle und materielle Ausstattung dem Ziel angemessen?
- Konnte zeitgemäße Informationstechnologie eingesetzt werden?
- Wurde von höheren Vorgesetzten oder übergeordneten Stellen Einfluss genommen?

- Stellen sich ungünstige, der Aufgabenerledigung entgegenstehende äußere Einflüsse (zum Beispiel Witterungsbedingungen, ungewöhnlich lange Lieferzeiten, Arbeitskampfmaßnahmen) ein?

Feststellung wahrscheinlicher Ursachen

Erst nach einer sorgfältigen Analyse möglicher Fehlerquellen folgt die Feststellung der wahrscheinlichen Ursachen für die Zielabweichung. Dieser Feststellung sollten möglichst keine Vermutungen oder allgemeine Erfahrungsregeln zugrunde liegen, sondern belegbare Tatsachen im Betriebsgeschehen.

Ist die festgestellte wahrscheinliche Ursache für die Zielabweichung einem Mitarbeiter zuzuschreiben, darf der Vorgesetzte das Kontrollergebnis nicht unter Verschluss halten und als Herrschaftswissen betrachten. Aus betriebswirtschaftlicher Sicht würde er damit seinem Betrieb einen Bärendienst erweisen, weil eine Situationsverbesserung kaum zu erwarten ist, solange der Mitarbeiter nichts von der Ursache der Zielabweichung weiß. Unbefriedigende Ergebnisse sind die Grundlage für Maßnahmen zur Förderung des Mitarbeiters. Zugleich sollten Vorgesetzte es keinesfalls versäumen, auch auf Positives zu verweisen, um durch anerkennende Worte Leistungsanreize zu schaffen. Je nach Art der Erkenntnisse, die durch Kontrollen gewonnen wurden, stehen zwei Feedback-Möglichkeiten zur Verfügung:

- Anerkennung für gute und überdurchschnittliche Leistungen und

- Kritik bei fehlerhaftem Verhalten oder mangelhaften Leistungen.

Der erste Schritt zur Analyse der Zielabweichung besteht darin, diese möglichst exakt zu beschreiben. Anschließend verschafft man sich einen Überblick über mögliche Ursachen. Auf dieser Grundlage werden die wahrscheinlichen Ursachen festgestellt. Das Ergebnis der Analyse ist dem Mitarbeiter anschließend in einem Feedback-Gespräch mitzuteilen.

4.2 Das oft unterlassene Führungsmittel Anerkennung

Mit Anerkennung reagieren Führungskräfte auf gute und sehr gute Leistungen eines Mitarbeiters. Damit verschaffen sie ihm eine Sternstunde, die den Arbeitsalltag durchbricht. Anerkennung verschafft Erfolgserlebnisse. Und Erfolgserlebnisse sind wesentliche Voraussetzungen für eine dauerhaft positive Einstellung zur Arbeit und für das Erzielen optimaler Arbeitsergebnisse. Denn was uns Erfolg gebracht hat, das wiederholen wir gern. Die Anerkennung selbst kleiner Fortschritte spornt zu weiteren Bemühungen an, die uns wiederum Anerkennung einbringen sollen.

Anerkennung aussprechen

Sollen die gewünschten positiven Folgen von Anerkennung, also Selbstbestätigung und Motivation, eintreten, muss Anerkennung in der richtigen Weise ausgesprochen werden. Werden dabei die folgenden Hinweise beachtet, können Vorgesetzte dieses Führungsmittel situationsabhängig und besonders wirkungsvoll einsetzen:

Anerkennung muss aufrichtig sein: Anerkennung sollte nicht willkürlich wie mit der Gießkanne über Mitarbeiter ausgeschüttet werden. Mitarbeiter haben ein ausgeprägtes Gespür dafür, ob die anerkennenden Worte auf einer konkreten Einschätzung ihrer Leistung oder ihres Verhaltens beruhen. Dient Anerkennung lediglich als Mittel zum Zweck, schlägt ihre Wirkung ins Gegenteil um: Mitarbeiter fühlen sich zu Recht manipuliert und werden künftig Anerkennung mit Misstrauen begegnen.

Anerkennung soll sich auf ein konkretes Kontrollergebnis beziehen: Wird ein Mitarbeiter über den grünen Klee gelobt („Sie sind mein bestes Pferd im Stall!"), kann er damit kaum etwas anfangen. Lässt sich die Anerkennung aber an einem konkreten Sachverhalt festmachen („Die Reklamation von A haben Sie sehr zügig und äußerst zufriedenstellend für alle Beteiligten erledigt, prima gemacht!"), nimmt der Mitarbeiter diese positive Feststellung erfreut zur Kenntnis.

Anerkennung soll auf die Sache bezogen werden, nicht auf die Person des Mitarbeiters: Es ist entmutigend, vormittags persönlich gelobt und nachmittags persönlich getadelt zu werden. Eine solch wechselnde Beurteilung der eigenen Person würde jeden irritieren. Wird dagegen nur ein bestimmter sachlicher Aspekt anerkannt, so ist der Vorgesetzte durchaus frei, später auch sachliche Kritik bei anderen Anlässen zu üben.

Anerkennung soll unmittelbar nach einem positiven Kontrollergebnis gegeben werden: Zu lange verzögerte Anerkennung gleicht vorenthaltenem Entgelt in der „seelischen Lohntüte" des Mitarbeiters. Nicht jeder Mitarbeiter wartet geduldig auf eine noch ausstehende verdiente Anerkennung. Mancher wird stattdessen resignieren.

Anerkennung ist genau zu dosieren: Wichtig ist, dass Anerkennung im richtigen Augenblick in passender Weise ausgedrückt wird. Große Lobhudeleien oder überschwängliches Bedanken sind fehl am Platze. Besser ist es, dem Mitarbeiter durch ein Lächeln, ein Kopfnicken, ein „Gut gemacht!", „Vielen Dank!" oder „Gut so" zu zeigen, dass wir das erfreuliche Arbeitsergebnis zur Kenntnis genommen haben.

Anerkennung soll nicht in Gegenwart Dritter ausgesprochen werden: Anerkennung vor Dritten kann überheblich oder eitel machen. Da Mitarbeiter die Leistung eines Kollegen, der gelobt wird, häufig mit ihrer eigenen vergleichen, sind sie nicht immer neidlos bereit, sie als anerkennenswert zu betrachten. Manche fühlen sich persönlich zurückgesetzt, andere wiederum sind eifrig bemüht, dem mit Anerkennung beglückten Kollegen Steine in den Weg zu legen – dem „Streber" soll „eins ausgewischt" werden.

Anerkennung darf nicht mit Kritik verbunden werden: Die mit der Anerkennung verbundene wohltuende Wirkung wird sogleich eliminiert, wenn den positiven Worten mahnende Hinweise bis hin zu harschen kritischen Aussagen folgen. Berechtigterweise wird dieses Vorgesetztenverhalten als „Zuckerbrot-und-Peitsche-Methode" abgelehnt.

Anerkennung ist auch leistungsschwächeren Mitarbeitern entgegenzubringen: Selbst angesichts normaler Arbeitsleistungen sollte leistungsschwächeren Mitarbeitern Anerkennung ausgesprochen werden. Schließlich möchte jeder Mitarbeiter von Zeit zu Zeit ausdrücklich bestätigt wissen, dass die geleistete Arbeit den Anforderungen entspricht. Damit heben Vorgesetzte seine Arbeitsfreude und stärken seine Arbeitsmoral.

Warum Anerkennung so wichtig ist

Töricht ist es, einem Mitarbeiter eine redlich verdiente Anerkennung zu versagen mit dem Hinweis: „Wenn ich nichts sage, ist alles in Ordnung, schließlich ist eine gute Arbeit doch selbstverständlich." Denn Anerkennung ist eine überaus motivierende Kraft. Deshalb muss sie Mitarbeitern gegenüber deutlich ausgesprochen werden. Noch Zweifel? Hier eine aus dem Leben gegriffene Anekdote:

Ein älteres Ehepaar isst an einem Sonntag gegen 13.00 Uhr zu Mittag. Im Vorfeld hatte sich die Ehefrau Gedanken gemacht, mit welchen Gaumenfreuden sie ihren Mann verwöhnen könnte, hatte am Sonnabend die erforderlichen Zutaten eingekauft und sich am Sonntag schon bald nach dem Frühstück an den Herd begeben, um ihren „Göttergatten" mit einem leckeren Essen zu überraschen. Pünktlich steht das Essen auf dem Tisch, die spärliche Unterhaltung während des Essens bewegt sich um eher belanglose Dinge. Plötzlich kippt das Gespräch:

Ehefrau: „Schmeckt's?"
Ehemann: „Na, wie immer, man kann nicht meckern."
Ehefrau: „Nun sag doch schon, ob es wirklich schmeckt!"
Ehemann: „Was willst du denn von mir hören?"
Ehefrau: „Na, ob es dir wirklich schmeckt und ob es auch so gewürzt ist, wie du es am liebsten magst."
Ehemann: „Was soll das Gerede? Wenn es mir nicht schmecken würde, dann hättest du es schon längst erfahren."

Nun, wie beurteilen Sie das Verhalten des Ehemanns? Unmöglich, lieblos, rüpelhaft, machomäßig? Tatsächlich geschieht täglich in vielen Betrieben Ähnliches. Der Mitarbeiter hat sich nach Kräften bemüht – statt einer positiven Rückmeldung erntet er von seinem Vorgesetzten jedoch nur Schweigen.

Ein Mangel an Anerkennung ist mit einer unzureichenden Vitaminzufuhr vergleichbar und verursacht ähnliche Symptome: Verdrossenheit, Lustlosigkeit, schnelle Ermüdung, Niedergeschlagenheit. Demgegenüber stellt Anerkennung ein lebenswichtiges Vitamin dar. Dieses Heil- und Wundermittel bewirkt besondere Erfolgserlebnisse bei den Mitarbeitern.

Merkpunkte für ein Anerkennungsgespräch

WER? Zuständig ist grundsätzlich der direkte Vorgesetzte.

WAS? Positive Leistungen und Verhaltensweisen sind anzuerkennen, keine Charakterzüge. Nicht nur Spitzen- und gute Dauerleistungen anerkennen, sondern auch – bei unsicheren oder schwächeren Mitarbeitern – richtige Ansätze und Teilerfolge.

WO? Stets unter vier Augen. Bei Anerkennung von Gruppenleistungen das gesamte Team einbeziehen.

WIE? Aufrichtig, ausdrücklich, differenziert, konkret, angemessen anerkennen.

WANN? Möglichst bald nach den gewonnenen Erkenntnissen.

FOLGEN? Den Worten bei Gelegenheit auch Taten folgen lassen: Beispielsweise materielle Leistungen, Beförderung, Aufstieg, Aufgabenbereicherung durch Delegation herausfordernder Aufgaben, Kompetenzen und Verantwortung.

> **30** *Anerkennung sollte immer aufrichtig, genau dosiert und sachorientiert sein. Sie sollte konkret formuliert werden und unmittelbar nach einer positiven Leistung erfolgen. So kann sie ihre Wirkung entfalten, indem sie Mitarbeitern Erfolgserlebnisse verschafft und sie motiviert.*

4.3 Das systematische Kritikgespräch

Muss Kritik geübt werden, sollten Vorgesetzte bei dem Gespräch systematisch vorgehen. Damit verringert sich das Risiko einer wirkungslosen Kritik und die Erfolgsaussichten erhöhen sich beträchtlich.

Fehlerhafte Kritik vermeiden
Fehlerhafte Kritik schadet und trägt kaum zur Besserung der Situation bei. Folgende Formen von Kritik sollten deshalb vermieden werden:
- persönliche Kritik,
- autoritäre Kritik,
- verallgemeinernde Kritik,
- Kritik in Gegenwart Dritter,
- ironische/sarkastische Kritik,
- schriftliche/telefonische Kritik,
- Kritik durch Dritte,
- Kritik durch Übergehen (schweigende Missachtung),
- Kritik am abwesenden Mitarbeiter,

- gesammelte Kritik,
- Kritik unmittelbar vor einer längeren Abwesenheit des Mitarbeiters,
- Kritik bei Unwesentlichem und
- wiederholte Kritik aus demselben Anlass, obwohl der frühere Kritikpunkt längst ausgemerzt wurde.

Aufbau eines gelungenen Kritikgesprächs

Im Folgenden wird der Aufbau eines logisch wie psychologisch treffenden Kritikgesprächs beschrieben.

1. Gespräch positiv beginnen:
- Mit einem gesprächsfördernden Einstieg ein emotional ansprechendes Angebot machen.
- Das „Miteinander-warm-Werden" in den Vordergrund stellen, eine Vertrauensbasis schaffen bzw. verstärken.

2. Sachverhalt zweifelsfrei bezeichnen:
- Die festgestellte Abweichung vom Soll genau, konkret und wertfrei – das heißt ohne Schuldzuweisung – bezeichnen.
- Unklare Pauschalformulierungen, Verallgemeinerungen, vage Behauptungen und Floskeln vermeiden.
- Nicht mit Vermutungen, Vorhaltungen und Anklagen arbeiten, für die Beweise fehlen.
- Anschuldigungen und Zuträgereien von Dritten nicht als erwiesene Tatsachen ansehen.

- In Gegenwart des Mitarbeiters keine Vergleiche mit den Leistungen oder dem Verhalten seiner Kollegen anstellen.

3. Mitarbeiter um Stellungnahme bitten:
- Dem Mitarbeiter das Recht zugestehen, sich zum Sachverhalt zu äußern.
- Mitarbeiter möglichst unvoreingenommen anhören.
- Mut zu einer formellen Entschuldigung aufbringen, wenn deutlich wird, dass die Situationsbeschreibung unzutreffend war.
- Dem Mitarbeiter die Möglichkeit einräumen, im Bedarfsfall das Gespräch zu unterbrechen, wenn er für seine Stellungnahme Beweise herbeischaffen will.

4. Diskussion über Ursachen und Folgen des kritisierten Verhaltens:
- Gleichberechtigt und gemeinsam die Ursachen und die Folgen des kritisierten Verhaltens erörtern.
- Darauf achten, dass erkannte Mängel von beiden Seiten in gleicher Weise beurteilt werden, um Korrekturmaßnahmen entwickeln zu können.

5. Künftiges Verhalten gemeinsam vereinbaren:
- Partnerschaftlich mit dem Mitarbeiter besprechen, wie in Zukunft vorgegangen werden soll.

- Eine aktive Beteiligung des Mitarbeiters anstreben, bei der er eigene Zielvorstellungen und Verhaltensänderungen entwickelt.
- Die vereinbarten realistischen Verbesserungsvorschläge auf eine ruhige, klare, nicht verletzende Weise unmissverständlich bezeichnen.
- Mit dem Mitarbeiter ganz offen verstärkte Kontrollen vereinbaren, damit er erkennt, dass die Sache ernst und wichtig ist.

6. Gespräch positiv abschließen:
- Darauf achten, dass dem Kritikgespräch kein bitterer Nachgeschmack anhaftet.
- Das Kritikgespräch in einem freundlichen Klima abschließen.

Ein Kritikgespräch kann als besonders gelungen betrachtet werden, wenn ein Unbeteiligter den Eindruck erhält, einem ruhigen Sachgespräch beigewohnt zu haben, dem nicht der Makel eines Stress verursachenden Konfliktgesprächs anhaftet.

30 Um Kontrollergebnisse zu nutzen, müssen festgestellte Zielabweichungen zunächst analysiert werden. Dazu wird die Abweichung selbst exakt beschrieben, anschließend werden mögliche Ursachen in Erwägung gezogen und systematisch hinterfragt. Gegenüber den Mitarbeitern stehen Führungskräften zwei Formen von Feedback zur Verfügung:

- Anerkennung sollte Mitarbeitern bei guten Leistungen ausgesprochen werden. Die Bedeutung dieses Führungsmittels sollten Vorgesetzte nicht unterschätzen, denn es beeinflusst maßgeblich die Motivation der Mitarbeiter.
- Fehlerhaftes Verhalten und mangelhafte Leistungen werden kritisiert. Dazu dient ein systematisches Kritikgespräch, in dem Lösungen gesucht und Maßnahmen vereinbart werden.

10 Fallbeispiele

Nehmen Sie bitte zu den folgenden Statements aus der Praxis Stellung. Im Anschluss an die Fallbeispiele folgt eine Auswertung mit Erläuterungen zu den Antwortmöglichkeiten.

Fallbeispiel 1
Ein Abteilungsleiter bemerkt: *„Wenn ich bei einem Mitarbeiter einen Fehler bemerke, dann kontrolliere ich quer durch den Garten. Was da alles ans Tageslicht kommt, kann man sich kaum vorstellen. Die Gelegenheit ist dann besonders günstig, Mitarbeitern ihre Grenzen aufzuzeigen, damit sie nicht übermütig werden."*

☐ Sehe ich auch so. ☐ Sehe ich nicht so.

Fallbeispiel 2
Ein Filialleiter berichtet bei einer Fortbildungsveranstaltung: *„Es ist ganz unmöglich, dass ich alles kontrolliere, was ich an meine Mitarbeiter delegiert habe. Dazu reicht meine Zeit nicht!"*

☐ Stimme ich zu. ☐ Stimme ich nicht zu.

Fallbeispiel 3
Ein Verkäufer berichtet seiner Freundin: *„Bei uns wird nur der kontrolliert, der beim Chef verspielt hat. Die anderen lässt er in Ruhe."*

☐ Finde ich in Ordnung. ☐ Finde ich nicht in Ordnung.

Fallbeispiel 4
Im Brustton der Überzeugung erklärt ein ausscheidender Vertriebsleiter seinem Nachfolger: *„Stichprobenkontrollen führen zu nichts. Fehler können dabei prima vertuscht werden."*

☐ Einverstanden. ☐ Nicht einverstanden.

Fallbeispiel 5
Eine verunsicherte Kontoristin berichtet*: „Ob mein Chef mich kontrolliert oder nicht, erfahre ich nur, wenn etwas schiefgegangen ist. Er macht das immer nach Feierabend, wenn ich schon weg bin. Er sagt, er käme sonst nicht dazu."*

☐ Das ist sein gutes Recht. ☐ Lehne ich ab.

Fallbeispiel 6
Ein Spezialist erklärt dem Betriebsrat: *„Meine Aufgaben kann der Vorgesetzte sowieso nicht kontrollieren. Ich musste viele Lehrgänge absolvieren, um diesen Kenntnisstand zu erreichen. Davon versteht der Chef nichts."*

☐ Dem stimme ich zu. ☐ Das sehe ich anders.

Fallbeispiel 7

In einem Pausengespräch während eines Kongresses erklärt ein Produktionschef seinem Kollegen: *„Bei Fehlern oder falschen Verhaltensweisen scheue ich mich nicht, meine Kritik in eindringlicher Form anzubringen, damit Wirkung erzielt wird. Mit anderen Worten: Manchmal kommt es schon vor, dass mir bei größeren Ärgernissen die Pferde durchgehen und ich persönlich werde, mich in der Lautstärke vergreife und gelegentlich auch über das Ziel hinausschieße. Schließlich bin ich auch nur ein Mensch. Wo gehobelt wird, fallen Späne ..."*

☐ Kann ich nachvollziehen.   ☐ So geht es nicht.

Fallbeispiel 8

Der Senior-Chef eines größeren Handwerksbetriebes beklagt sich bei einem Unternehmensberater über die mangelnde Motivation der Mitarbeiter. Auf seine Führungsphilosophie angesprochen, äußert er: *„Ich betrachte gute Leistungen als Selbstverständlichkeit. Schließlich wird der Mitarbeiter dafür bezahlt. Deshalb sage ich auch nichts, wenn ich bei meinen Kontrollen überdurchschnittliche Leistungen erkenne. Denn wenn man Mitarbeitern den kleinen Finger reicht, ergreifen sie sogleich die ganze Hand und überschätzen künftig ihre Leistungen. Bei mir gilt der Grundsatz: Wenn ich nichts sage, ist alles in Ordnung, das ist für den Mitarbeiter Anerkennung genug. Wenn jemand einen Fehler macht, dann melde ich mich schon."*

☐ Richtig.   ☐ Falsch.

Fallbeispiel 9

Bei Ausübung seiner Kontrollfunktion bemerkt Innendienstleiter Krüger, dass der neue Mitarbeiter Arnold hin und wieder Fehler begeht. Bewusst vermeidet er es, Arnold darauf anzusprechen. Es ist ihm peinlich, zu kritisieren, weil er selbst unter den Kontrollen seines direkten Vorgesetzten leidet. Bei einem abendlichen Gespräch äußert er sich gegenüber seiner Frau: *„Den Neuen, den Arnold, lasse ich in den Anfangswochen unbehelligt. Dadurch weiß ich schon nach kurzer Zeit, woran ich mit ihm wirklich bin. So erwische ich ihn eher bei Fehlern und ich bekomme von ihm einen unverfälschten Eindruck."*

☐ Ein kluger Mann.   ☐ Ein Führungs-Chaot.

Fallbeispiel 10

Der Inhaber einer mittelständischen Firma schlendert durch den Betrieb und erblickt plötzlich vier Mitarbeiterinnen aus der Versandabteilung, die 20 Minuten nach Beendigung der offiziellen Mittagspause in der Kantine sitzen. Sie nehmen Erfrischungen zu sich und plaudern angeregt. Er stürzt sich auf die Mitarbeiterinnen und ordnet an: *„Meine Damen, Ihre Mittagspause ist schon lange vorüber, jetzt ist Schluss mit dem Kaffeekränzchen. Bewegen Sie sich sofort in Richtung Ihrer Arbeitsplätze oder es passiert etwas, woran Sie lange zu knabbern haben werden. Ich überzeuge mich selbst, dass Sie innerhalb von drei Minuten wieder ar-*

beiten. Jetzt will ich keine Widerworte hören, marsch, an die Arbeit!"

☐ Richtig so! ☐ Sehr fehlerhaft!

Auswertung der Fallbeispiele

Vermutlich stimmen Ihre Antworten zu den Fallbeispielen mit nachstehenden Überlegungen überein. Dennoch sollten Sie sichergehen und einen Vergleich anstellen. Belohnt werden Sie durch zusätzliche Informationen, welche in die Kommentare aufgenommen wurden.

Fallbeispiel 1
Ihre Antwort: „Sehe ich auch so."
Sie „outen" sich als überzeugter Anhänger der Totalkontrolle. Sie sollten nicht erstaunt sein, wenn sich der so intensiv Kontrollierte Ihnen gegenüber zunehmend distanziert verhält. Diese Kontrolle „querbeet" wird gewiss nicht als hilfreich erachtet. Der Mitarbeiter erkennt sogleich, dass hier kein konstruktiver Aspekt im Vordergrund steht, sodass er sich verschließt und künftigen Kontrollen noch skeptischer gegenübersteht. Verwunderlich ist dies nicht, nutzen Sie doch Ihre Kontrollen als Mittel, Mitarbeiter zu demütigen und in ihre Schranken zu weisen. Erinnern Sie sich bitte und akzeptieren Sie: Kontrollen sollen immer nur das Ziel haben, künftig zu einer Ergebnisverbesserung zu gelangen!

Ihre Antwort: „Sehe ich nicht so."
Gut, Sie lehnen Totalkontrollen ab. Ihnen geht es nicht darum, dem Mitarbeiter Grenzen aufzuzeigen. Sie wissen, dass sachgerecht durchgeführte Kontrolle auch das Ziel hat, dem Mitarbeiter Verbesserungs- und Weiterentwicklungsmöglichkeiten aufzuzeigen, damit er künftig seine Grenzen erweitern kann.

Fallbeispiel 2
Ihre Antwort: „Stimme ich zu."
Einverstanden. Sie beschränken sich auf die Stichproben- und die Ergebnis- bzw. Endkontrolle. Setzen Sie die Stichprobenkontrollen mithilfe eines Kontrollplans vernünftig ein, reduzieren Sie bereits die Fehlerhäufigkeit auf ein Minimum. Mit einer Totalkontrolle würden Sie sich überfordern und Ihre Mitarbeiter blockieren.

Ihre Antwort: „Stimme ich nicht zu."
Diese Antwort lässt vermuten, dass Sie sich als Vorgesetzter verpflichtet fühlen, alles zu kontrollieren. Damit degradieren Sie Ihre Mitarbeiter zu „Arbeitstieren", denen man keinerlei Vertrauen entgegenbringen darf. Mit dem Entschluss zur Totalkontrolle etablieren Sie eine „Misstrauensorganisation". Misstrauen Sie Ihren Mitarbeitern, führt dies tendenziell dazu, dass sich das Misstrauen fortwährend verstärkt: Mitarbeiter fühlen sich bei intensiven Kontrollen herausgefordert, den Kontrollmechanismus zu überlisten, womit sie ihren Vorgesetzten in seiner negativen Betrachtungsweise

bestärken, sodass dieser die Kontrollschraube noch weiter anzieht.

Fallbeispiel 3
Ihre Antwort: „Finde ich in Ordnung."
Dieser Chef betrachtet die Führungsaufgabe Kontrolle als Bestrafungsinstrument, mit dem er missliebige Mitarbeiter „zur Räson" bringen kann. Bei ihm lohnt es also, den Kopf einzuziehen, zu buckeln und ja nicht aus der Reihe zu tanzen. Dann ruht der wohlgefällige Blick des Chefs auf diesem rundum angepassten Mitarbeiter, dem er wegen seiner nicht nachgekommenen Kontrollverpflichtung Narrenfreiheit einräumt. Bitte akzeptieren Sie, dass alle Mitarbeiter – sowohl die leistungsstarken als auch die leistungsschwachen – zu kontrollieren sind.

Ihre Antwort: „Finde ich nicht in Ordnung."
Sie wissen, dass alle Mitarbeiter – sowohl die leistungsstarken als auch die leistungsschwachen – zu kontrollieren sind. Die Häufigkeit durchgeführter Kontrollen wird bei den genannten Mitarbeiterkategorien zwar unterschiedlich sein, dennoch gehen Sie ausnahmslos Ihrer Kontrollverpflichtung nach.

Fallbeispiel 4
Ihre Antwort: „Einverstanden."
Sie sollten Ihre Zustimmung zu dieser Aussage noch einmal überdenken. Werden Stichprobenkontrollen in völlig unregelmäßigen zeitlichen Abständen durchgeführt und

beziehen Sie hierbei auch die jeweils auf die spezielle Arbeit und den Mitarbeiter bezogenen strategischen Kontrollpunkte (Punkte, an denen häufiger Fehler auftreten oder an denen Fehler eine Kettenreaktion auslösen können) mit ein, kann der Mitarbeiter nichts „vertuschen".

Ihre Antwort: „Nicht einverstanden."
Gut, dass Sie hier in Opposition gehen. Sie wissen, dass ein Mitarbeiter nichts „vertuschen" kann, wenn Stichprobenkontrollen in völlig unregelmäßigen zeitlichen Abständen durchgeführt und hierbei auch die jeweils auf die spezielle Arbeit und den Mitarbeiter bezogenen strategischen Kontrollpunkte miteinbezogen werden. Der Mitarbeiter muss bei Ihnen auch nichts „vertuschen", wenn Sie Kontrollen als Soll-Ist-Vergleich betrachten, dem faire Auswertungen folgen. Dann verlieren Kontrollen den Charakter von Fehlerfindungsmaßnahmen.

Fallbeispiel 5
Ihre Antwort: „Das ist sein gutes Recht."
Sehen Sie das wirklich so? Wollen Sie sich wirklich den Vorgesetzten zum Vorbild nehmen, der nach Feierabend in aller Ruhe die Arbeitsräume seiner Mitarbeiter inspiziert und dabei auch die unerledigten Vorgänge auf den Schreibtischen zählt, gar die Abfallkörbe durchstöbert, um sich über den produzierten Ausschuss ein Bild zu verschaffen? Mit Geheimdienstmethoden und aufgestellten Fallen wollen Sie Mitarbeiter bei fehlerhaftem Verhalten erwischen? In diesem Fall

würden Sie Ihre Mitarbeiter quasi wie Kriminelle behandeln – und das sind sie wohl kaum, oder? Ändern Sie Ihre Einstellung, bauen Sie Ihr Misstrauen ab, schenken Sie Ihren Mitarbeitern Ihr Vertrauen!

Ihre Antwort: „Lehne ich ab."
Das ist eine gute Entscheidung. Denn mit Geheimdienstmethoden und aufgestellten Fallen wird das Misstrauen der Mitarbeiter gegenüber Kontrollen – ganz zu schweigen von der ablehnenden Haltung gegenüber dem so agierenden Vorgesetzten – verstärkt. Derartige Vorgehensweisen führen nur zu einer Verschlechterung des Arbeitsklimas. Sie liegen stattdessen goldrichtig, wenn Ihre Kontrollen nicht das Licht der Öffentlichkeit zu scheuen brauchen. Ihre Kontrollen sind sachbezogene Soll-Ist-Vergleiche, denen anschließend offene Aussprachen in einem freundlichen und höflichen Gesprächsklima folgen. [Kontrollen müssen offen ausgeführt werden und für den Mitarbeiter transparent sein!]

Fallbeispiel 6
Ihre Antwort: „Dem stimme ich zu."
Es kann vom Vorgesetzten nicht verlangt werden, dass er fachlich stets auf der Höhe ist und mit jedem seiner Mitarbeiter konkurrieren kann. Allerdings ist ein in die Breite gehendes fachliches Grundlagenwissen zu fordern, das zielorientiertes und situationsabhängiges Handeln zulässt. Dieses Wissen ermöglicht es, Mitarbeiter richtig einzusetzen, ihre Leistungen zu beurtei-

len und sie im Bedarfsfall durch geeignete Maßnahmen zu unterstützen. Sind die Aufgaben gelegentlich so speziell, dass der Vorgesetzte Kontrollen nicht in dem erforderlichen Maße durchführen kann, wären Spezialisten und Fachleute zu „maßgeschneiderten" Kontrollen heranzuziehen (z. B. Qualitätskontrolle, Revision, Unternehmens-/Betriebsberater). Diese Stellen unterstützen den Vorgesetzten, indem sie ihn über die Kontrollergebnisse informieren. Sie nehmen dem Vorgesetzten nicht die Verantwortung für die Kontrollfunktion ab, sondern erleichtern ihm diese Aufgabe.

Ihre Antwort: „Das sehe ich anders."
Von jedem Vorgesetzten ist ein in die Breite gehendes Fachwissen zu fordern, das zielorientiertes und situationsabhängiges Handeln zulässt. Dieses Wissen ermöglicht es, der Kontrollverpflichtung nachzukommen. Allerdings kann sich der Vorgesetzte der Hilfe von Spezialisten und Fachleuten bedienen, die ihn unterstützen. Der Vorgesetzte übt in diesem Fall indirekte Kontrolle aus.

Fallbeispiel 7
Ihre Antwort: „Kann ich nachvollziehen."
Für den Vorgesetzten hegen Sie viel Verständnis. Bringen Sie die gleiche Toleranz auch bei erkennbaren Fehlern Ihrer Mitarbeiter auf? Merken Sie sich bitte: Dieser Vorgesetzte will Mitarbeiter durch die als Mittel der Disziplinierung eingesetzte harsche Kritik zum „Kuschen" bringen. Es geht ihm nicht um partnerschaftli-

ches Zusammenwirken, sondern darum, den Mitarbeitern seinen Willen aufzuzwingen.

Wer in einem Tonfall spricht, in welchem er selbst nicht angesprochen werden möchte, degradiert damit seinen Mitarbeiter zu einem Menschen zweiter Klasse. Nirgends sonst bestätigt sich die Erfahrung so deutlich, dass der Ton die Musik macht. Immer wieder übersehen Vorgesetzte, dass sie durch zu große Lautstärke nur ihre persönliche Schwäche zeigen. Sie provozieren durch autoritär und schikanös durchgeführte Kontrollen Widerstände und Ablehnung. Die Motivation der Mitarbeiter leidet, schlimmstenfalls kommt es zur inneren Kündigung: Mitarbeiter arbeiten gerade noch so viel, dass sie keine ernsthaften Sanktionen zu erwarten haben.

Es gilt deshalb: Soll Kritik konstruktiv wirken, muss sie auf eine ruhige, klare und nicht verletzende Weise unmissverständlich ausgedrückt werden. Erkennt der Mitarbeiter Ihre Wertschätzung seiner Person und Ihr Bemühen um künftige Verbesserungen, werden ihm die positiven Aspekte Ihrer Kontrollfunktion bewusst.

Ihre Antwort: „So geht es nicht."

Grundsätzlich wird niemand gern kritisiert. Wird Kritik zudem lautstark oder mit persönlichen Angriffen vorgetragen, entsteht Frustration. Uns muss es darum gehen, unserem Mitarbeiter auch im Kritikgespräch ein möglichst großes Maß an Zufriedenheit mit sich und seiner Arbeit zu erhalten. Diese Zufriedenheit wiederum ist die langfristige Voraussetzung, damit berufliche

Aufgaben engagiert und gut erledigt werden. Je mehr uns an diesem Ziel liegt, desto größer sollte unser Bemühen sein, bei Kritik kooperativ vorzugehen, das heißt, das Miteinander in den Vordergrund zu stellen.

Fallbeispiel 8
Ihre Antwort: „Richtig."
Sie sollten sich überlegen, ob Sie diesem Prinzip folgen wollen. Denn es wäre nicht verwunderlich, wenn die Mitarbeiter dieses Vorgesetzten wenig motiviert ihren Aufgaben nachkommen. Da der Vorgesetzte aus Sicht der Mitarbeiter anerkennenswerte Leistungen offensichtlich nicht bemerkt, haben es die Mitarbeiter wahrscheinlich längst aufgegeben, ihr volles Leistungspotenzial in ihre Arbeit einzubringen. Sie werden sich „kein Bein ausreißen", sondern ohne zu großen Arbeitseinsatz versuchen, „über die Runden zu kommen". Wozu große Anstrengungen, wenn sie nicht zur Kenntnis genommen werden?

Ihre Antwort: „Falsch."
Sicherlich ahnen Sie schon seit Langem, was die Motivationspsychologie unzweifelhaft erkannt hat: Anerkennung wirkt auf nahezu alle Menschen anspornend und ermutigend, sodass sie bereit sind, ihre letzten Kräfte zu mobilisieren. Anerkennung ist sowohl im Berufsleben als auch im Freizeitbereich eine sehr stark motivierende Kraft. Deshalb ist sie Mitarbeitern gegenüber deutlich herauszustellen. Mit einer gerechtfertigten Anerkennung

- machen Sie Ihre Mitarbeiter erfolgreich und bauen sie auf,
- steigern Sie das Selbstwertgefühl Ihrer Mitarbeiter und vermitteln ihnen ein Erfolgserlebnis,
- erhöhen Sie die Zufriedenheit der Mitarbeiter mit dem eigenen Arbeitsbereich,
- ermutigen Sie Ihre Mitarbeiter zu weiteren anerkennenswerten Leistungen,
- vermindern Sie die Fluktuationsbereitschaft Ihrer Mitarbeiter,
- wecken Sie in Ihren Mitarbeitern schlummernde Kräfte, die weitere Leistungssteigerungen bewirken.

Fallbeispiel 9
Ihre Antwort: „Ein kluger Mann."
Hinterfragen Sie besser das Verhalten dieses Vorgesetzten, denn es ist keineswegs klug. Kritik und Anerkennung sind Bestandteil der Führungsaufgabe Kontrolle und deshalb unverzichtbar. Ein Vorgesetzter, der diese Führungsmittel nicht einsetzt, begeht einen schweren Führungsfehler. Mit der Führungsaufgabe Kontrolle sollen leistungshemmende Faktoren erkannt werden, sodass eine Verbesserung und Weiterentwicklung nach angemessener Kritik möglich wird. Durch Anerkennung wird deutlich, dass die Anstrengungen des Mitarbeiters registriert werden. Diese beiden Ziele werden von Innendienstleiter Krüger im Beispiel aufgrund seiner bewussten Zurückhaltung nicht realisiert. Die Arbeitsaufnahme in einer fremden Firma ist zudem

wegen anfänglicher Unsicherheit und mangelnder Orientierung eine stressbesetzte Situation. Gerade der Neuling benötigt daher Feedback zu seinen Leistungen und seinem Arbeitsverhalten. Bleiben diese Informationen aus, kann anfängliche Unsicherheit nicht abgebaut werden.

Ihre Antwort: „Ein Führungs-Chaot."
Vermutlich können Sie sich erinnern, wie Ihnen während der ersten Zeit im neuen Unternehmen zumute war. Anfängliche Fehler konnten Sie nach entsprechenden Hinweisen schnell ausmerzen, sodass Sie die Probezeit problemlos überstanden. Personaler wissen, dass eine sorgfältige Bewerberauswahl allein nicht genügt, um einen freien Arbeitsplatz mit einem Mitarbeiter zu besetzen, der dem Betrieb langfristig und engagiert sein Potenzial zur Verfügung stellt. Es liegt in der Hand des Vorgesetzten, wie die ersten „Gehversuche" im neuen Wirkungsbereich ausfallen. Kümmert sich der Vorgesetzte um den Neuen und sorgt er durch aufmerksames Beobachten der Situation dafür, dass der Neuling Fallstricken ausweicht, steht ihm der neue Mitarbeiter bald als vollwertiges Mitglied der Leistungsgemeinschaft zur Verfügung.

Fallbeispiel 10
Ihre Antwort: „Richtig so."
Sind Sie sich da wirklich sicher? Woher will der Firmenchef wissen, ob die Damen sich nicht doch erlaub-

terweise in der Kantine aufhalten? Vielleicht haben sie die ihnen zustehende Pause in der hierfür vorgesehenen Zeit nicht genommen, um besonders dringliche Arbeiten zu erledigen? Möglicherweise hatte der Leiter der Versandabteilung darum gebeten, zuerst einen brandeiligen Auftrag zu bearbeiten? Fragen über Fragen, die uns nur der Leiter der Versandabteilung als direkter Vorgesetzter beantworten könnte. Der Firmenchef kennt die Hintergründe nicht. Ihm obliegt daher auch nicht die Kontrollfunktion, die in diesem Fall der Leiter der Versandabteilung innehat. Von der Zuständigkeitsregelung sollte nur abgewichen werden, wenn Gefahr im Verzuge ist.

Ihre Antwort: „Sehr fehlerhaft."
Richtig, in dieser Situation sollte sich der Firmenchef nicht einmischen, da er nicht der unmittelbare Vorgesetzte der Mitarbeiterinnen ist. Doch erkannte Missstände sollte er auch nicht für sich behalten. In unserem Fall wäre es angebracht, die Beobachtung zunächst mit dem Leiter der Versandabteilung zu erörtern. Stellt sich hierbei heraus, dass die Damen sich unerlaubt eine Überschreitung der Mittagspause „gegönnt" haben, wäre der Leiter der Versandabteilung für das erforderliche Kritikgespräch zuständig. Zusätzlich wäre die Zuständigkeit des Firmenchefs gegeben – nicht für die Kontrolle der Damen, sondern für die Kontrolle des Leiters der Versandabteilung, der seine Führungsaufgabe Kontrolle offenbar vernachlässigt hat.

Fast Reader

1. Kontrolle als unverzichtbare Führungsaufgabe

Kontrolle ist eine unverzichtbare und nicht delegierbare Führungsaufgabe. Die Sorge, Kontrolle und Vertrauen würden sich ausschließen, ist unbegründet. Es ist wichtig, Mitarbeitern Vertrauen entgegenzubringen, doch ohne das Regulativ von Kontrolle würden sich Fehler einschleichen. Deshalb sollte die Devise lauten: So viel Vertrauen wie möglich – so viel Kontrolle wie nötig!
Nutzen Vorgesetzte Kontrollen vorrangig zur Machtdemonstration sowie als Fehlerfindungsinstrument, werden die mit der Kontrolle angestrebten positiven Effekte verfehlt. Stattdessen soll mit Kontrollen die Übereinstimmung von angestrebten Zielen mit den Arbeitsergebnissen (Soll-Ist-Vergleich) untersucht werden. Wenn Mitarbeiter Kontrolle als ein Hilfsmittel erleben, sind sie eher bereit, diese zu akzeptieren.

Richtig ausgeführte Kontrollen sind nicht nur für die ordnungsgemäße Aufgabenerledigung unerlässlich, sondern sollen auch die Arbeitszufriedenheit und Leistungsbereitschaft der Mitarbeiter fördern.
- *Mit aufklärenden Hinweisen sowie einem optimalen Kontrollverhalten sorgt der Vorgesetzte für die Akzeptanz seiner Kontrollen.*
- *Vorgesetzte kontrollieren grundsätzlich alle ihnen unmittelbar unterstellten Mitarbeiter.*
- *Die Häufigkeit von Kontrollen richtet sich nach dem Reifegrad des einzelnen Mitarbeiters sowie nach der Aufgabe und der Situation.*

2. Ziele als Maßstab für Kontrollen

Klar definierte Ziele helfen Mitarbeitern bei ihren Aufgaben, da Ziele deutlich die Richtung weisen und einen Maßstab schaffen, an dem der Fortschritt gemessen und die beabsichtigten Aktionen ständig bewertet werden können.

Unzweckmäßig sind jedoch über den Kopf des Mitarbeiters hinweg festgelegte Zielvorgaben, die oft nur widerwillig akzeptiert werden. Erfolg versprechender sind Zielvereinbarungen, bei denen Vorgesetzte und Mitarbeiter gemeinsam Ziele festlegen. Anschließend dienen regelmäßige Ziel-

reporte der Kontrolle, wobei es möglich ist, Ziele gegebenenfalls nachträglich zu korrigieren.

30 **Vereinbarte Ziele wirken für den Mitarbeiter motivierend und bündeln seine Energien für konkrete Handlungen. Bei der Formulierung von Zielen leistet das Akronym SMART, das die Eigenschaften sinnvoller Ziele beschreibt, gute Dienste:**
- **S = spezifisch**
- **M = messbar**
- **A = ausführbar, attraktiv, aktiv beeinflussbar**
- **R = realistisch**
- **T = terminiert**

3. Die richtige Kontrollart finden

Ausführungs- bzw. Verhaltenskontrollen gelten als personenorientiert („Wie macht er das?") und sollten nur in Ausnahmefällen praktiziert werden. Gleiches gilt für Totalkontrollen („Alles geht über meinen Tisch!"), die Misstrauen zum Ausdruck bringen. Unverzichtbar ist dagegen die Ergebnis- bzw. Endkontrolle nach Abschluss einer Arbeit („Ist das Arbeitsergebnis in Ordnung?"). Empfehlenswert ist es, diese zusätzlich mit Stichprobenkontrollen zu kombinieren. Auch indirekte Kontrollen, bei denen unterschiedliche Informationsquellen herangezogen werden, sind zulässig und hilfreich.

Vorgesetzte haben die Wahl zwischen unterschiedlichen Kontrollarten, die situationsgerecht eingesetzt werden sollten. Generell gelten dazu folgende Empfehlungen:

- *Wenn möglich sollte Fremdkontrolle durch Selbstkontrolle ersetzt werden.*
- *Da Ergebnis- bzw. Endkontrollen vergangenheitsorientiert sind, ist es ratsam, sie durch die Aufgabenerledigung begleitende, gegenwartsorientierte Stichprobenkontrollen zu ergänzen, um bei Problemen rechtzeitig korrigierende Maßnahmen einleiten zu können.*
- *Besonders ist auf strategische Kontrollpunkte zu achten. Das sind beispielsweise bekannte Schwachpunkte eines Mitarbeiters, generell störanfällige Arbeitsabläufe, aber auch Aufgaben, bei denen Fehler besonders folgenreich wären.*
- *Vorgesetzte sollten Kontrollpläne führen, um nichts dem Zufall zu überlassen.*

4. Kontrollergebnisse nutzen

Bei erkannten Zielabweichungen sollten Vorgesetzte zunächst den Ursachen auf den Grund gehen. Um die Zielabweichung exakt zu beschreiben, gilt es, Art, Ausmaß, Ort und Zeit der Differenz zu erfassen. Anschließend werden mögliche

Ursachen in Erwägung gezogen, anhand derer dann die wahrscheinlichen Ursachen bestimmt werden können.

In einem Vieraugengespräch werden Kontrollergebnisse mit dem betreffenden Mitarbeiter besprochen. Bei guten und überdurchschnittlichen Leistungen ist es wichtig, dem Mitarbeiter Anerkennung zu zollen. Bei Fehlern, mangelhaften Leistungen oder unerwünschtem Verhalten sollte in sachlicher, begründeter und konstruktiver Form Kritik geübt werden.

30

Damit Kontrollen als Mittel zur Ergebnisverbesserung wirksam werden können, müssen ihre Ergebnisse zunächst analysiert und anschließend den Mitarbeitern zurückgemeldet werden. Folgendes ist dabei zu beachten:

- **Bei der Analyse einer Zielabweichung sollten neben einem Fehlverhalten des Mitarbeiters auch andere Ursachen in Erwägung gezogen werden, etwa veränderte Rahmenbedingungen oder auch ein Fehler aufseiten des Vorgesetzten.**
- **Vorgesetzte sollten Kontrollergebnisse nicht für sich behalten, sondern grundsätzlich Feedback geben.**

- *Auf das Führungsmittel Anerkennung sollte keinesfalls verzichtet werden, da es maßgeblich zur Motivation beiträgt. Bleibt Anerkennung aus, sinkt die Leistungsbereitschaft des Mitarbeiters.*
- *Sachliche und systematische Kritikgespräche finden in einer ruhigen, vertrauensvollen Atmosphäre statt und leiten Veränderungsprozesse ein.*

Der Autor

Hans-Jürgen Kratz nahm langjährig Führungsfunktionen mit unterschiedlichen Schwerpunkten wahr. Seit 1995 ist er als Trainer, Coach, Dozent und Fachbuchautor mit den Schwerpunkten Mitarbeiterführung und Rhetorik tätig. Seither begleitete er circa 700 Bildungsveranstaltungen für unterschiedliche Zielgruppen. Seinen Fokus legt er vorrangig auf das Training von Führungsnachwuchskräften für ihre künftige Vorgesetztenrolle sowie auf das Coaching von Führungskräften.

Kontakt:
Personaltraining Kratz
Wagnerstraße 28
27474 Cuxhaven

Tel.: 04721 6636180
E-Mail: info@personaltraining-kratz.de
www.personaltraining-kratz.de

Weiterführende Literatur

- Fröhlich, Peter: Kritisieren, aber richtig, München: Neuer Merkur 2006

- Kießling-Sonntag, Jochem: Zielvereinbarungsgespräche, Berlin: Cornelsen 2006

- Kratz, Hans-Jürgen: 30 Minuten Kritisieren und Anerkennen, Offenbach: GABAL 2007

- Kratz, Hans-Jürgen: Chef-Checkliste Mitarbeiterführung, Regensburg: Walhalla Fachverlag 2012

- Kratz, Hans-Jürgen: Stolpersteine in der Mitarbeiterführung, Offenbach: GABAL 2009

- Meier, Rolf: Richtig kritisieren, Regensburg: Walhalla und Praetoria 1999

- Neuberger, Oswald: Miteinander arbeiten – miteinander reden, München: Bayerisches Staatsministerium für Arbeit und Sozialordnung 1981

- Sprenger, Reinhard: Vertrauen führt, Frankfurt/M.: Campus 2002

- Stroebe, Guntram: Gezielte Verhaltensänderung, Heidelberg: Sauer I.H. 2000

- Tierney, Elizabeth: 30 Minuten für erfolgreiche Kommunikation, Offenbach: GABAL 1998

Register

Abweichungsanalyse 58, 62, 92
Akzeptanz von Kontrolle 18, 22, 89
Anerkennung 13, 15, 20, 22, 50, 61-68, 72, 75, 84f., 92
Ausführungskontrolle 44, 47, 90

Endkontrolle 47, 53, 78, 90f.
Ergebniskontrolle 47, 53, 55, 78, 90f.

Feedback 20, 22, 57, 61f., 72, 86, 92
Formulierung von Zielen 32, 35, 39, 41, 90
Fremdkontrolle 46f., 53, 91

Indirekte Kontrolle 54f., 82, 90
Innere Kündigung 10f., 83

Kontrollplan 49, 51, 78, 91
Kritikgespräch 68f., 71f., 83, 87, 93

Management by Objectives 29

Reifegrad 25, 27, 34, 89

Selbstkontrolle 21, 30, 47, 52f., 55, 91
SMART 34, 37, 41, 60, 90
Soll-Ist-Vergleich 7, 19f., 47, 50, 80f., 88
Stichprobenkontrolle 48, 52f., 55, 74, 78ff., 90f.
Strategische Kontrollpunkte 49f., 53, 80, 91

Totalkontrolle 45ff., 55, 77f., 90

Verhaltenskontrolle 44, 47, 55, 90
Vertrauen 10ff., 23, 25, 27, 78, 81, 88
Vorbildfunktion 20, 59

Weisungsrecht 14

Zielabweichung 38, 58-62, 72, 91f.
Zielkorrektur 38, 60
Zielreport 38, 41, 53, 90
Zielvereinbarung 30-34, 37-41, 48, 53, 60, 89f.
Zielvorgabe 31, 89